Sviluppi delle vie

Fardis Nakhaei

Sviluppi delle vie di flottazione dei minerali di ferro

ScienciaScripts

Imprint

Any brand names and product names mentioned in this book are subject to trademark, brand or patent protection and are trademarks or registered trademarks of their respective holders. The use of brand names, product names, common names, trade names, product descriptions etc. even without a particular marking in this work is in no way to be construed to mean that such names may be regarded as unrestricted in respect of trademark and brand protection legislation and could thus be used by anyone.

Cover image: www.ingimage.com

This book is a translation from the original published under ISBN 978-3-659-85122-3.

Publisher:
Sciencia Scripts
is a trademark of
Dodo Books Indian Ocean Ltd. and OmniScriptum S.R.L publishing group

120 High Road, East Finchley, London, N2 9ED, United Kingdom
Str. Armeneasca 28/1, office 1, Chisinau MD-2012, Republic of Moldova, Europe

ISBN: 978-620-3-59526-0

Copyright © Fardis Nakhaei
Copyright © 2024 Dodo Books Indian Ocean Ltd. and OmniScriptum S.R.L publishing group

Indice dei contenuti

Astratto 2
Capitolo 1 3
Capitolo 2 7
Capitolo 3 24
Capitolo 4 37
Capitolo 5 51
Riferimenti 53

Desidero dedicare questo manoscritto alla mia cara famiglia

Astratto

La produzione e l'esportazione di minerali di ferro svolgono un ruolo importante nello sviluppo economico degli impianti industriali. In questo contesto, le industrie del minerale di ferro si concentrano attualmente sul recupero dei valori di ferro dai minerali di basso grado. La flottazione di frodo è ben nota come il processo più comune nella separazione dei minerali per recuperare i minerali preziosi dalla ganga. A causa delle somiglianze fisico-chimiche e di superficie dei minerali costituenti, la separazione dei minerali di ossido di ferro dalla loro ganga (quarzo come principale minerale di ganga) mediante flottazione è un processo estremamente complicato. In passato sono stati proposti metodi di flottazione diretta, ma attualmente viene largamente impiegato il metodo di flottazione inversa, in cui la ganga di quarzo viene fatta galleggiare mentre gli ossidi/idrossidi di ferro vengono depressi con l'aiuto di amidi. Questo libro presenta una revisione critica dei vari metodi di flottazione (diretta e inversa, cationica e anionica) dei minerali di ossido di ferro proposti in letteratura, con lo scopo di identificare i fattori importanti coinvolti nel processo di flottazione e fornire prospettive per ulteriori ricerche future. Sono stati tabulati i collettori, i depressori, i reagenti ausiliari e le loro miscele, nuovi e comunemente utilizzati. Vengono criticati i vantaggi e gli svantaggi del tipo e della struttura dei reagenti sulla flottazione. Il ruolo predominante del pH, così come il tipo e le strutture molecolari dei collettori e dei depressori sulla flottazione sono discussi criticamente. L'intervallo e i valori ottimali di questi parametri, così come i meccanismi delle loro interazioni con i minerali, insieme ai risultati della flottazione dei minerali di ossido di ferro riportati in letteratura, sono riassunti ed evidenziati.

Parole chiave: Minerali di ferro, Flottazione, Anionico, Cationico, Collettore, Depressore, Interazione.

Capitolo 1

Flottazione del minerale di ferro

1.1. Introduzione

Il ferro gode di un'enorme importanza grazie alla sua vasta applicazione nelle industrie. Negli ultimi anni, il trattamento dei minerali di ferro ossidati ha assunto una grande importanza. La scelta del trattamento di beneficenza dipende dalla natura della ganga presente e dalla sua associazione con la struttura del minerale. Per aumentare il contenuto di Fe del minerale di ferro e ridurne il contenuto di ganga vengono impiegate diverse tecniche, come il lavaggio, la giga, la separazione magnetica, la separazione gravitazionale e la flottazione, ecc. Queste tecniche sono utilizzate in varie combinazioni per la valorizzazione dei minerali di ferro. Per la valorizzazione di un particolare minerale di ferro, l'attenzione si concentra di solito sullo sviluppo di un foglio di flusso economicamente vantaggioso che incorpori le necessarie tecniche di frantumazione, macinazione, vagliatura e valorizzazione, essenziali per la valorizzazione del minerale di ferro.

Le vie di separazione magnetica e gravitazionale sono i metodi più comuni di estrazione del ferro dai depositi di ossidi di ferro di alto grado. Con l'esaurirsi delle riserve di minerale di ferro di alta qualità nel mondo, sono stati utilizzati vari metodi di lavorazione per processare il minerale di ferro di grado intermedio e basso, nel tentativo di soddisfare la domanda in rapida crescita. L'attuale tendenza dell'industria siderurgica è a favore di una maggiore riduzione diretta, abbinata alla produzione in forno elettrico, che necessita di minerale di ferro contenente meno del 2% di SiO_2. In pratica, i concentrati di minerale di ferro ottenuti dalla separazione magnetica e gravitazionale sono spesso costituiti da poche impurità, anche dopo ripetute separazioni, a causa della presenza di minerali di ganga bloccati.

Per migliorare ulteriormente il concentrato, la flottazione a schiuma si è affermata come metodo efficiente per eliminare le impurità dal minerale di ferro in mezzo secolo di pratica in tutto il mondo. Dall'introduzione commerciale della flottazione nel 1905 e dal suo brevetto nel 1906 (Napier-Munn e Wills, 2006; Gupta e Yan, 2006), essa ha fatto enormi progressi in termini di processo, reagenti e attrezzature utilizzate, raggiungendo l'obiettivo fondamentale di separare i minerali di valore dalle particelle di ganga sfruttando le differenze nelle loro proprietà fisico-chimiche.

La ricerca sulla flottazione dei minerali di ferro, su scala di banco o di impianto pilota, è iniziata nel 1931 (Crabtree e Vincent, 1962). La ricerca era limitata ai minerali contenenti ganga silicea, che sembra essere il tipo più abbondante al mondo. Hanna Mining, in associazione con Cyanamid, sviluppò le due vie di flottazione anionica, successivamente utilizzate a livello industriale negli anni '50 in Michigan e Minnesota (Fuerstenau et al., 2007). La prima integrazione della flottazione in un impianto per minerali di ferro risale al 1950, quando fu sviluppata la via di flottazione diretta attraverso l'uso di collettori anionici (miniera di Humboldt). Contemporaneamente, la filiale USBM del Minnesota ha sviluppato la via della flottazione cationica inversa, che alla fine è diventata l'approccio più pratico per la flottazione dei minerali di ferro negli Stati Uniti e in altri Paesi occidentali (Araujo et al., 2005).

Nell'industria dei minerali di ferro, la flottazione a schiuma viene utilizzata come metodo iniziale per concentrare i minerali di ferro, come nel caso delle operazioni di Cleveland-Cliffs nel Michigan, Stati Uniti, o in combinazione con la separazione magnetica, che è diventata una pratica popolare in Minnesota (Stati Uniti) e Samarco Mineracaco (Brasile) (Ma, 2012). La scelta di un metodo di flottazione appropriato dipende in larga misura dai gangli che accompagnano il minerale di ferro principale. La flottazione dei minerali di ferro può essere effettuata in due modi, "diretta" o "inversa". Nel primo caso, l'ossido di ferro viene fatto galleggiare. Sono ampiamente utilizzati reagenti anionici, come i solfonati di petrolio o gli acidi grassi. Strutturalmente, questi reagenti hanno "teste" ioniche caricate negativamente che sono attaccate a "code" organiche a catena lunga.

Nella flottazione inversa, la ganga viene fatta flottare utilizzando reagenti adatti, mentre i preziosi rimangono in sospensione e vengono raccolti come prodotto/concentrato. Questo metodo è completamente opposto alla flottazione diretta o convenzionale e per questo viene definito flottazione inversa. È ampiamente utilizzato nel trattamento di minerali di ferro, minerali diasporici e di bauxite, rocce fosfatiche, minerali di caolino, ecc. Per ottenere concentrati ferriferi purificati, nella lavorazione dei minerali di ferro, la flottazione inversa di silice e silicati è stata testata con successo sia con reagenti cationici che anionici (Houot, 1983; Ma et al., 2011; Pradip et al., 1993; Wang e Ren, 2005).

I principi e la pratica industriale della flottazione dei minerali di ferro sono stati rivisti di volta in volta (Houot 1983; Iwasaki 1983, 1989, 1999; Nummela e Iwasaki 1986; Uwadiale 1992).

La maggior parte della ricerca è stata condotta sulle tecniche esistenti nelle operazioni di flottazione del ferro, con particolare attenzione alla silice, ma altre impurità necessitano di ulteriori ricerche. Ad oggi, la ricerca sul tema della flottazione del ferro è dedicata allo studio dei reagenti di flottazione. La ricerca fondamentale sulla flottazione dei minerali di ferro è stata scarsa. Pertanto, i meccanismi che guidano le interazioni dei reagenti minerali in molti aspetti dei sistemi di flottazione esistenti non sono ben compresi. Ciò dimostra che le possibilità di miglioramento sono scarse e che occorre lavorare di più per migliorare il processo.

1.2. Reagenti nella flottazione dei minerali di ferro

Il tipo e le percentuali di aggiunta dei reagenti necessari per la valorizzazione dei minerali di ferro mediante flottazione variano a seconda del tipo di minerale e del percorso di lavorazione selezionato. Di seguito è riportata una panoramica dei reagenti di flottazione attualmente e/o storicamente utilizzati nelle operazioni industriali e di quelli documentati in letteratura.

Poiché i collettori sono i reagenti più importanti in qualsiasi sistema di flottazione, vale la pena elencare alcune delle loro caratteristiche e altre caratteristiche desiderabili. Le principali classi di collettori sono:

1) *Anionici.* I collettori anionici sono il gruppo più utilizzato nella flottazione. Questi collettori sono acidi deboli o sali acidi che vengono ionizzati in acqua, producendo un collettore con carica negativa. Il gruppo a carica negativa viene quindi attratto da superfici minerali a carica positiva. Questi collettori sono ulteriormente suddivisi in base alla struttura del gruppo solidofilo in collettori ossidrilici, quando il gruppo solidofilo è basato su ioni organici e solfoacidi, e collettori solfidrilici, quando il gruppo solidofilo comprende zolfo bivalente. I collettori ossidrilici sono utilizzati principalmente per la flottazione di minerali ossidici, materiali carbonatici, ossidi e minerali contenenti gruppo solfo. Gli acidi grassi, gli acidi resinici, i saponi e gli alchil-solfati o solfonati sono i collettori più comunemente utilizzati per i minerali ferrosi (Bulatovic, 2007). Anche gli acidi naftenici e i loro saponi rientrano in questa categoria, ma non sono stati ampiamente utilizzati a causa della limitata disponibilità. La maggior parte delle ricerche di base sui collettori ossidrilici è stata dedicata agli oleati di sodio e agli acidi oleici (Kulkarni e Somasundaran, 1975; Fuerstenau e Palmer, 1976; Kulkarni e Somasundaran, 1980; Fuerstenau e Pradip, 1984).

2) *Cationici.* I collettori cationici sono utilizzati principalmente per la flottazione dei silicati e di alcuni ossidi di metalli rari e per la separazione del cloruro di potassio (silvite) dal cloruro di sodio (alite) (Darling, 2011).

Questi collettori utilizzano un gruppo amminico a carica positiva per attaccarsi alle superfici minerali. Poiché il gruppo amminico ha una carica positiva, può attaccarsi alle superfici minerali con carica negativa. L'elemento comune a tutti i collettori cationici è un gruppo azoto con elettroni spaiati. Il legame covalente con l'azoto è solitamente costituito da un atomo di idrogeno e da un gruppo idrocarburico. La variazione del numero di radicali idrocarburici collegati all'azoto determina le proprietà di flottazione delle ammine in generale (Bulatovic, 2007). Questo gruppo comprende le ammine alifatiche primarie, le diammine, i sali di ammonio quaternario e i più recenti prodotti beta-ammina ed etere ammina. Recentemente, è stata effettuata la sintesi di nuovi collettori contenenti una catena idrocarburica di struttura alifatica mista, con un gruppo amminico (Liu Wen-gang et al., 2009; 2011). In alcuni concentratori l'ammina è parzialmente sostituita da un tipo di olio combustibile.

L'emulsione dell'olio combustibile ha un ruolo importante nel processo. Il prezzo dell'olio combustibile è inferiore a quello dell'ammina e non è stato esaminato alcun impatto ambientale significativo. L'ammina svolge anche il ruolo di frother nella flottazione del minerale di ferro. Dato che i frother costano meno delle ammine, è stata studiata la possibilità di sostituire parzialmente le ammine con frother ordinari, ma l'argomento richiede ancora ulteriori studi (Araujo et al., 2005).

Capitolo 2

Flottazione anionica

2.1. Collettori anionici

2.1.1. Carbossilati

I collettori di acidi grassi sono ampiamente utilizzati per la flottazione di fosfati, spodumene e minerali di terre rare (Bulatovic, 2007). Gli acidi grassi sono classificati come collettori anionici, ossidrilici con un gruppo carbossilico. La formula generale di un acido grasso insaturo è C_nH_{2n-1}. La formula generale sub-strutturale è (Fig. 2.1).

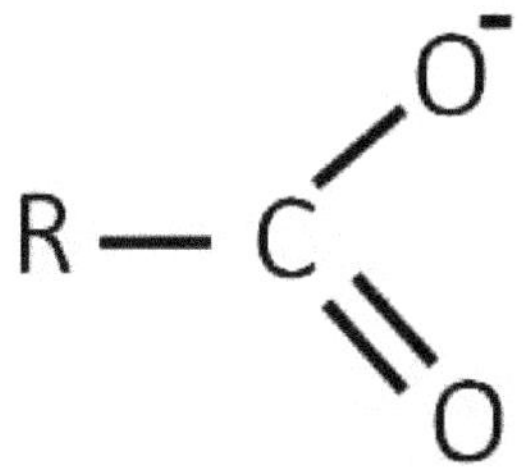

$$R - C \begin{array}{c} \diagup O^- \\ \diagdown\!\!\!= O \end{array}$$

Figura 2.1. Formula generale sub-strutturale degli acidi grassi

Dove "R" è una lunga coda alifatica. Questa coda idrocarburica è il gruppo non polare della molecola eteropolare del collettore, che rende idrofobica la superficie del minerale quando il gruppo polare (gruppo carbossilico) si è adsorbito sulla superficie del minerale.

Membri tipici di questo gruppo sono l'acido oleico, l'oleato di sodio, gli acidi grassi sintetici, i tall oil e alcuni derivati del petrolio ossidati. In genere, i collettori di acidi grassi richiedono l'aiuto di disperdenti come il silicato di sodio e il condizionamento ad alta densità (almeno il 50% di solidi) può aumentare l'efficacia di questo collettore. La solubilità e l'adsorbimento degli acidi grassi sulle superfici minerali dipendono dalla temperatura e il condizionamento deve essere effettuato a temperature superiori a 20 °C, sebbene la sensibilità dell'adsorbimento del collettore alla temperatura della pasta sia variabile e debba essere misurata caso per caso.

I diversi acidi grassi utilizzati come collettori sono principalmente una miscela di acido oleico, linoleico, linoleico coniugato, palmitico e stearico. Nell'industria mineraria, questi acidi grassi sono noti come tall oil. È stato tipicamente osservato che la forza, la struttura della schiuma e la selettività del tall oil sono dettate dal contenuto di acido rosinico (Bulatovic, 2007).

L'adsorbimento di collettori anionici sull'ematite svolge un ruolo fondamentale nella via di flottazione diretta. Il chemisorbimento dei collettori oleato (Peck et al., 1966) e idrossamato (Fuerstenau et al., 1970; Han et al., 1973; Raghavan e Fuerstenau, 1975) sull'ematite è stato percepito mediante studi di spettroscopia infrarossa.

2.1.2. Idrossamati

Gli idrossammati sono reagenti chelanti che sono un derivato N-alchilico dell'idrossile. I reagenti chelanti sono comunemente impiegati come collettori nella flottazione dei minerali ossidi grazie alla loro specificità verso la complessazione dei metalli e si è visto che migliorano la selettività rispetto ad altri collettori tradizionali. In soluzione, agiscono anche come acidi grassi. La struttura tipica degli idrossammati è riportata di seguito (Fig. 2.2):

Fig. 2.2. Tipica struttura di un idrossamato

Questi collettori sono molto selettivi nei confronti dei carbonati, ma sono sensibili ai fini e un'estesa deslimazione deve precedere il condizionamento. Fuerstenau et al. (1970) hanno spiegato le risposte di flottazione che si possono ottenere da minerali di ferro naturali quando si utilizza l'idrossamato come collettore rispetto a quelle ottenute con l'impiego di acido grasso.

I valori ottimali di pH per la flottazione con l'oleato e l'idrossamale sono stati rispettivamente pH 8 e 9. Poiché lo ZPC dell'ossido di ferro naturale è pH 6,7, si può concludere che entrambi i collettori si adsorbono chimicamente in queste condizioni. I risultati all'infrarosso dell'adsorbimento dell'oleato sull'ematite e quelli del sistema idrossamato-ematite confermano questo presupposto.

Sostanzialmente non c'è stata alcuna differenza tra i risultati ottenuti con l'idrossamato o con l'acido grasso, anche se, nel caso dell'acido grasso, sono state necessarie aggiunte di collettore più elevate e un condizionamento ad alta densità della pasta. La fase di condizionamento ad alto contenuto di solidi può riflettere la differenza dei prodotti di solubilità dell'idrossamato ferrico e dell'oleato ferrico. D'altra parte, con un minerale che doveva essere macinato a dimensioni molto fini, sono stati ottenuti un buon grado di prodotto e un buon recupero con aggiunte relativamente piccole di idrossamato, mentre con l'acido grasso non si è ottenuto quasi nessun arricchimento.

2.1.3. Solfonati

In pratica, i solfonati vengono prodotti trattando le frazioni petrolifere con acido solforico e rimuovendo i fanghi acidi formatisi durante la reazione, seguiti dall'estrazione del solfonato e dalla purificazione (Bulatovic, 2007). La flottazione dell'ematite da un minerale locale di sabbia silicea è stata esaminata utilizzando collettori di solfonati (Aero-800) da Mowla et al. (2008). Nella letteratura brevettuale disponibile, sono stati descritti diversi metodi di preparazione relativi alla flottazione con solfonati (Iwasaki 1983; Norman, 1986).

Secondo diversi studi (Abdel-Khalek et al., 1994; Gaieda e Gallalab 2015), per rimuovere gli ossidi di ferro, i promotori a base di solfonato di petrolio sono stati ampiamente utilizzati nella flottazione di sabbia di vetro e feldspato.

2.2. Via di flottazione anionica diretta

È stato dimostrato che, quando si utilizza l'oleato come collettore, la flottazione dell'ematite è altamente sensibile al pH e che i migliori recuperi di flottazione si ottengono nell'intervallo di pH 68. Inoltre, l'aumento della temperatura di condizionamento migliora notevolmente la risposta dell'ematite alla flottazione. Inoltre, è stato riportato che l'aumento della temperatura di condizionamento migliora notevolmente la risposta di flottazione dell'ematite. Anche un aumento della forza ionica della soluzione può aumentare sensibilmente la flottazione dell'ematite con l'oleato.

L'importanza della chimica dell'oleato in soluzione nel processo di flottazione deriva dal fatto che l'acido oleico in soluzione acquosa subisce un'idrolisi e forma specie complesse che presentano caratteristiche attive in superficie e solubilità marcatamente diverse (Somsook, 1969).

È prevalente l'elevata attività superficiale nell'intervallo di pH neutro. Una variazione del pH o di altre variabili, come la temperatura, cambia non solo lo stato chimico dell'oleato, ma anche la sua quantità disciolta in acqua e la sua effettiva attività superficiale su varie interfacce.

Negli anni precedenti, una notevole ricerca è stata indirizzata verso i sistemi di flottazione acido oleico-ossido di ferro, a causa dei diversi risultati osservati da vari lavoratori indotti dalla complessa chimica della soluzione dell'acido oleico. Gli studi non hanno mostrato alcuna correlazione tra l'adsorbimento dell'oleato e le risposte alla flottazione. La massima flottazione dell'ematite si verifica nella regione di pH neutro, mentre l'adsorbimento dell'oleato sull'ematite aumenta con la diminuzione del pH (Pope e Sutton 1973; Kulkarni e Somasundaran 1975). Anche sul meccanismo di adsorbimento dell'oleato sull'ematite non c'è accordo assoluto tra i ricercatori. Yap et al. (1981) e Morgan (1986) hanno elaborato le ragioni delle discrepanze che sono alla base delle tecniche sperimentali utilizzate negli esperimenti di adsorbimento.

Lo studio della chimica di flottazione del sistema ematite/oleato è formulato sulla base delle considerazioni di cui sopra ed è diretto alla comprensione dei fondamenti. In un'ampia gamma di condizioni sperimentali di pH, forza ionica, temperatura e concentrazione di oleato, Kulkarni e Somasundaran (1980) hanno studiato la flottazione dell'ematite mediante l'uso di oleato. Per tutti gli esperimenti di flottazione è stata utilizzata una cella di Hallimond modificata con controllo automatico del tempo di flottazione e dell'intensità e del tempo di agitazione. La Fig. 2.3 mostra l'effetto del pH sulla flottazione dell'ematite naturale nella cella di Hallimond. La massima flottazione si ottiene intorno all'intervallo di pH neutro, in accordo con i risultati riportati in letteratura (Peck et al., 1966). Da un punto di vista meccanicistico, questo risultato è molto significativo in quanto mette in dubbio il concetto che la massima risposta di flottazione nell'intervallo di pH neutro sia dovuta all'esistenza di ZPC dell'ematite in quell'intervallo di pH.

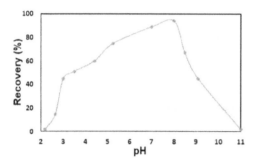

Fig. 2.3. Flottazione dell'ematite con oleato 3 * 10-1 M a 100°C.

La risposta di flottazione dell'ematite in due diverse condizioni sperimentali è illustrata nella Fig. 5 in funzione del pH. In un caso, il condizionamento viene effettuato al pH della flottazione (condizione A), mentre nell'altro caso il condizionamento avviene a pH 7,6 (condizione B). In quest'ultimo caso, il pH della soluzione viene rapidamente modificato a un valore prestabilito; dopo il condizionamento, la flottazione viene effettuata entro 30 s. In base a questa figura, la risposta alla flottazione è sensibilmente diversa nelle due condizioni. La forte diminuzione della flottazione al di sopra del pH 9 nella condizione B può essere attribuita alla crescente repulsione tra la bolla di gas con carica negativa e la particella di ematite con carica simile. D'altra parte, la diminuzione della flottazione nell'intervallo di pH acido è il risultato di un ridotto adsorbimento di oleato all'interfaccia liquido/aria, come indicato dalla minore pressione superficiale delle soluzioni di oleato in queste condizioni.

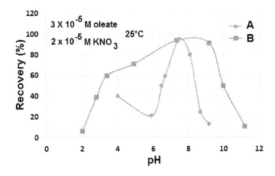

Fig. 2.4. Effetto della regolazione del pH dopo il condizionamento sulla flottazione dell'ematite a 26°C e $2 * 10^{-5}$ M KNO3, utilizzando $3 * 10^{-5}$ M oleato.

Il processo di adsorbimento dell'oleato sull'ematite è risultato fortemente dipendente dal tempo e il tempo di equilibrio è funzione del pH della soluzione, della forza ionica, della concentrazione di oleato e della temperatura. La Fig. 2.5 mostra i risultati tipici della cinetica di adsorbimento dell'oleato sull'ematite naturale a 75°C in condizioni di pH variabili.

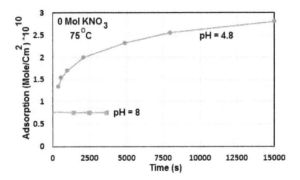

Fig. 2.5. Effetto del pH sulla cinetica di adsorbimento dell'oleato sull'ematite con $1,5 * 10^{-1}$ M oleato di potassio a 75°C.

La forte dipendenza dal pH del tempo di equilibrazione e dell'adsorbimento totale è evidente in questa figura. Ad esempio, mentre a pH 8 sono necessari meno di 100 s per l'equilibrio, a pH 4,8 sono necessari più di 15.000 s. L'adsorbimento all'equilibrio è rappresentato in Fig. 2.6 in funzione del pH. L'adsorbimento totale di oleato aumenta con la diminuzione del pH.

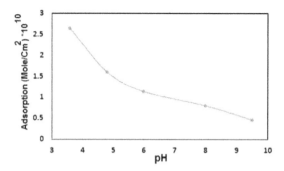

Fig. 2.6. Effetto del pH sull'adsorbimento di oleato con 1,5*10-5 M di oleato di potassio a 75°C.

La concentrazione di oleato all'equilibrio dipende infatti dall'entità della perdita di oleato dovuta all'adsorbimento. Va sottolineato che in condizioni di basso pH, l'oleato esiste in soluzione come dispersione. In tali condizioni, la scomparsa dell'oleato dalla soluzione può essere dovuta alla separazione di fase e/o all'eterocoagulazione con le particelle di ematite. Sono stati condotti diversi esperimenti di controllo per chiarire se si fosse verificata una separazione di fase significativa. In questi esperimenti è stata utilizzata la normale procedura di prova, ma non è stata aggiunta ematite. In questo caso, la diminuzione della concentrazione di oleato può essere correlata alla separazione di fase.

Questi esperimenti non hanno rivelato alcuna perdita significativa di oleato dalla soluzione anche dopo otto ore di agitazione. In alternativa, è stata condotta un'altra serie di esperimenti con campioni di ematite da 0,5 e 0,25 g in soluzioni di oleato da 100 ml.

È emerso che la riduzione della quantità di ematite da 0,5 a 0,25 g ha ridotto alla metà il tasso di perdita di oleato dalla soluzione, senza modificare la cinetica di adsorbimento dell'oleato. Questi esperimenti hanno confermato chiaramente che la perdita di oleato dalla soluzione è dovuta al suo trasferimento alla superficie dell'ematite. La Fig. 2.7 mostra l'effetto della concentrazione di oleato sulla densità di adsorbimento all'equilibrio a pH 8,0 e in diverse condizioni sperimentali di forza ionica e temperatura. L'effetto delle variabili forza ionica, concentrazione di oleato e temperatura, eccetto il pH, è simile a quello osservato per la flottazione dell'ematite. L'aumento della forza ionica aumenta la densità di adsorbimento dell'oleato. È stato inoltre osservato che, in condizioni di bassa forza ionica, l'aumento della temperatura di condizionamento migliora notevolmente la risposta di flottazione, mentre è vero il contrario in condizioni di alta forza ionica.

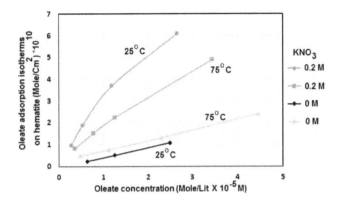

Fig. 2.7. Effetto della forza ionica e della temperatura sulle isoterme di adsorbimento dell'oleato sull'ematite a pH 8,0.

L'effetto del pH, della temperatura e della forza ionica sulla correlazione recupero-assorbimento a 0,2M KNO3 è mostrato nella Fig. 2.8. Si nota che l'aumento della temperatura di condizionamento produce anche uno spostamento significativo del grado di correlazione. Pertanto, per ottenere un determinato recupero di flottazione, è necessaria una densità di adsorbimento molto più bassa in condizioni di temperatura elevata.

Tutte le curve tracciate in questa figura hanno una forma a S allungata, con un aumento lineare dei recuperi nell'intervallo 10-90% con l'aumento della densità di adsorbimento. In condizioni di elevata forza ionica, l'aumento della temperatura diminuisce l'adsorbimento dell'oleato in tutte le condizioni di pH. In condizioni di minore forza ionica, invece, l'aumento della temperatura aumenta l'adsorbimento dell'oleato a pH 8,0, ma lo riduce a pH 4,8.

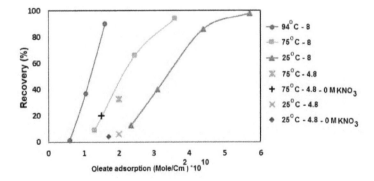

Fig. 2.8. Correlazione flottazione-adsorbimento. Effetto di pH, temperatura e forza ionica

2.2.1. L'adsorbimento dell'oleato in relazione alla flottazione dell'ematite

La risposta alla flottazione di un sistema è tipicamente correlata alle sue caratteristiche di adsorbimento, con l'aumento della flottazione attribuito alla maggiore densità di adsorbimento del collettore sul minerale.

La Fig. 2.9 mostra la variazione del recupero di flottazione e delle caratteristiche di adsorbimento di questo sistema di flottazione in funzione del pH. Si nota chiaramente che le caratteristiche di flottazione non seguono il comportamento di adsorbimento di questo sistema. La densità di adsorbimento aumenta continuamente con la riduzione del pH, mentre la flottazione si riduce al di sotto del pH 7,5.

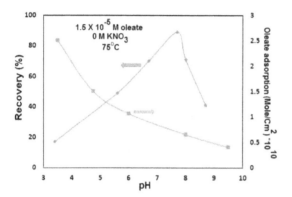

Fig. 2.9. Dipendenza dal pH della flottazione e dell'adsorbimento nel sistema ematite-oleato con 1,5 * 10^{-5} M oleato di potassio a 75°C.

La Figura 2.9 mostra la tipica mancanza di correlazione tra l'adsorbimento dell'oleato sull'ematite e la galleggiabilità dell'ematite da parte dell'oleato (Morgan 1986). La galleggiabilità dell'ematite presenta un massimo netto nella regione del pH neutro, mentre la densità di adsorbimento diminuisce continuamente con l'aumento del pH. Sono stati suggeriti diversi meccanismi per spiegare la differenza tra adsorbimento e idrofobicità. Un'attenta sperimentazione priva di artefatti dovuti all'esaurimento dell'oleato (adsorbimento oscurato dalla precipitazione) e la sottrazione della quantità di acido oleico precipitato giudicata dall'equilibrio chimico hanno rivelato che la curva di adsorbimento mostra un massimo nella regione del pH neutro che si correla con la curva di flottazione. La massima flottazione dell'ematite con l'oleato nella regione del pH neutro è una caratteristica generale e anche molti altri minerali ossidi con caratteristiche chimiche ed elettrochimiche di superficie significativamente diverse mostrano la massima flottazione nell'intervallo di pH 7-8 (Somasundaran e Ananthapadmanabhan, 1979). Ciò è attribuito alla formazione del complesso acido-sapone in questa regione di pH e alla sua elevata attività superficiale (Kulkarni e Somasundaran, 1975; Ananthapadmanabhan e Somasundaran, 1988). Secondo Jung et al. (1988), la specie del complesso acido-sapone ha una concentrazione notevole all'interfaccia goethite-acqua. Il complesso acido-sapone avviene ad alta forza ionica, ma la sua quantità è irrilevante a basse concentrazioni di oleato e a bassa forza ionica (Yap et al., 1981). Il meccanismo della loro interazione dipende dalla chimica della soluzione e dalla forma delle diverse specie presenti nella soluzione. La massima flottazione degli ossidi di ferro si verifica a un pH corrispondente al pKa di questi tensioattivi, dove la distribuzione delle specie ionizzate e molecolari è uguale. Nel caso dell'oleato, il massimo galleggiamento nella regione del pH neutro, che è anche il suo valore di pKa, è spiegato dalla formazione del complesso acido-sapone e dalla sua elevata attività superficiale. A valori di pH acidi, dove si verifica la precipitazione di molecole neutre di acido oleico, le particelle sono rivestite da precipitati di acido oleico e anche la flottazione dell'ematite con collettori idrossammati è massima in una regione di pH corrispondente ai loro valori di pKa (Fuerstenau e Cummins, 1967; Fuerstenau et al., 1970; Raghavan e Fuerstenau 1975).

Gli studi sul potenziale zeta dell'ematite in presenza di acidi grassi a valori di pH acidi (inferiori allo ZPC dell'ematite) hanno mostrato che le particelle sono ricoperte dalla forma molecolare di precipitati di collettori che corrispondono al dominio di precipitazione degli acidi grassi (Laskowski et al., 1988). I dati IEP di vari sistemi ossido-minerale-oleato sono notevolmente stabili a pH 3,2 (Jung et al., 1987), che è lo stesso IEP dei precipitati molecolari di acido oleico. Quando gli studi di adsorbimento vengono eseguiti a concentrazioni prive di acido oleico insolubile o di oleati metallici, i risultati dimostrano un controllo coulombiano sull'adsorbimento, interazioni idrofobiche (formazione di emimicelle) e coadsorbimento di acido oleico neutro solubile e ione oleato (Jung et al., 1987). La massima flottazione degli ossidi di ferro nella regione di pH corrispondente al pKa dell'acido oleico e al pKa degli acidi idrossamici può suggerire che lo strato adsorbito sia costituito da specie neutre e ioniche, dove la molecola neutra che si inserisce tra i due ioni carichi scherma la repulsione reciproca all'interfaccia. Essendo un sistema monosurfattante ma esistente in forma neutra e ionica con la stessa lunghezza di catena alchilica, lo strato adsorbito potrebbe essere molto compatto, aumentando così il carattere idrofobico della superficie e il galleggiamento. L'adsorbimento dell'oleato sull'ematite a valori di pH e a intervalli di concentrazione che impediscono la formazione di acido oleico liquido e di complessi acido-sapone ha mostrato un chemisorbimento e un adsorbimento fisico a coperture più elevate (Yap et al., 1981). Il chemisorbimento dei collettori oleato (Peck et al., 1966) e idrossamato (Fuerstenau et al., 1970; Raghavan e Fuerstenau, 1975) sull'ematite è stato osservato mediante studi di spettroscopia infrarossa.

Nel lavoro di Pope e Peck (Peck e Raby, 1966; Pope e Sutton, 1973) l'adsorbimento fisico, cioè per interazione elettrostatica, legame a idrogeno, ecc. è stato contrapposto al chemisorbimento in cui si forma una nuova specie. L'aumento dell'adsorbimento dell'acido oleico con la diminuzione del pH è stato attribuito all'aumento dell'adsorbimento fisico in condizioni acide e gli autori hanno suggerito che il collettore adsorbito fisicamente non impartisce l'idrofobicità al minerale, mentre solo l'oleato adsorbito chimicamente lo fa. Secondo questa ipotesi, l'oleato è stato chemisorbito nei siti idrossilici neutri di superficie che si propone siano presenti in quantità massime nel punto di carica zero dell'ematite, a pH = 8. Tuttavia, non è chiaro se il tensioattivo adsorbito fisicamente non debba produrre una superficie minerale idrofobica. Anche il meccanismo di chemisorbimento non può spiegare i fenomeni osservati. Non ci si aspetta che la concentrazione di idrossili neutri in superficie mostri una significativa dipendenza dal pH nell'intero intervallo di pH da 3 a 12, sulla base dei dati disponibili per le varie specie ferriche in equilibrio con l'ematite. Inoltre, non spiega la dipendenza osservata del pH di massima flottazione dalla concentrazione totale di oleato (Somasundaran e Ananthapadmanabhan, 1979).

In un altro lavoro di Kulkarni (1975), è stato suggerito che la cinetica sensibile al pH dell'adsorbimento interfacciale delle specie superficialmente attive può giocare un ruolo decisivo, sebbene l'autore abbia affermato che non è possibile stabilire una correlazione diretta tra densità di adsorbimento e recupero di flottazione. Pertanto, in presenza di una densità di adsorbimento dell'oleato costante, sono possibili recuperi di flottazione variabili a seconda del tipo di specie di oleato che si adsorbono e delle proprietà dinamiche di adsorbimento dei tensioattivi nel sistema. Come dimostrato dai risultati ottenuti per la tensione superficiale dinamica, la massima flottazione corrisponde alla cinetica interfacciale più rapida. La minore flottabilità nell'intervallo di pH basico è stata attribuita a un ridotto adsorbimento dell'oleato all'interfaccia solido-liquido e a una minore attività interfacciale dell'oleato, mentre la diminuzione nell'intervallo acido è stata attribuita all'adsorbimento dell'acido oleico, meno attivo in superficie, anziché del complesso acido-sapone e a una cinetica interfacciale più lenta. Tuttavia, se la cinetica di adsorbimento delle varie specie fosse l'unico fattore, l'adsorbimento non di equilibrio, misurato dopo lo stesso tempo di condizionamento dell'esperimento di flottazione, dovrebbe essere correlato al recupero.

In una pubblicazione successiva, Ananthapadmanabhan e Somasundaran (1980) hanno fornito un grafico lineare tra il pH di massima flottazione dell'ematite e il pH di minima tensione superficiale in funzione della concentrazione di oleato. Questi dati si trovano su un'unica linea e sono stati utilizzati per illustrare come entrambi coincidano con il massimo della concentrazione di acido oleato-sapone. Le variazioni della tensione superficiale delle soluzioni acquose di oleato con il pH sono state rivisitate in alcune pubblicazioni (De Castro e Borrego, 1995; Theander e Pugh, 2001).

Beunen et al. (1978) hanno dimostrato matematicamente che il minimo della tensione superficiale può essere spiegato considerando l'acido non dissociato come un serbatoio di molecole di tensioattivo che si dissolvono con l'aumento del pH. L'aumento della concentrazione di tensioattivo determinava un aumento dell'adsorbimento all'interfaccia con conseguente diminuzione della tensione superficiale. La concentrazione della soluzione diventava costante quando il pH superava un certo valore, il cosiddetto bordo di solubilità. Ulteriori aumenti del pH hanno provocato una crescente repulsione elettrostatica del tensioattivo negativo dall'interfaccia, causando un aumento della tensione superficiale e portando a un minimo di tensione superficiale in corrispondenza della solubilità.

In base a questi risultati, le caratteristiche principali di questo sistema di flottazione possono essere indicate come segue:

1. La risposta di flottazione dell'ematite e le caratteristiche di adsorbimento dell'oleato sono molto sensibili al pH, in particolare nell'intervallo di pH neutro; tuttavia, mentre la massima flottabilità dell'ematite si osserva intorno a pH 7-8, non si riscontra un massimo per la densità di adsorbimento dell'oleato in questo intervallo di pH. Infatti, la densità di adsorbimento dell'oleato si riduce continuamente con l'aumento del pH.

2. L'aumento della temperatura in condizioni di bassa forza ionica aumenta l'adsorbimento dell'oleato sull'ematite e porta a un miglioramento della risposta di flottazione dell'ematite. Il miglioramento della risposta alla flottazione è tuttavia molto più significativo nell'intervallo di pH acido. In condizioni simili, sebbene la proprietà di tensione superficiale dinamica dell'oleato migliori, la sua attività superficiale diminuisce in condizioni di pH acido e aumenta solo marginalmente in condizioni di pH basico.

3. L'aumento della forza ionica a temperature più basse migliora le caratteristiche di adsorbimento dell'oleato, la sua attività superficiale all'interfaccia liquido/aria e le caratteristiche di flottazione dell'ematite, mentre influenza solo marginalmente la proprietà di tensione superficiale dinamica delle soluzioni di oleato.

4. Come altri sistemi di flottazione con oleato, anche il sistema ematite/oleato necessita di un tempo di condizionamento prolungato, soprattutto a livelli di pH inferiori a 8, dove l'adsorbimento dell'oleato all'interfaccia liquido/aria e alla superficie dell'ematite è piuttosto lento.

5. In condizioni di pH elevato, cioè superiore a pH 10, si ritiene che il basso recupero di flottazione sia dovuto alla diminuzione dell'adsorbimento dell'oleato e all'interazione sfavorevole tra le particelle e le bolle.

I risultati sopra esposti mostrano chiaramente la natura complessa di questo sistema di flottazione. Come già detto, in passato sono state sviluppate diverse teorie per spiegare alcune delle caratteristiche speciali di questo sistema di flottazione. Tuttavia, nessuna di esse è considerata soddisfacente per spiegare tutte le proprietà sopra descritte. Il fallimento di questi modelli è dovuto a due ragioni:

(a) Non hanno considerato i cambiamenti di stato chimico dell'oleato nella soluzione in diverse condizioni sperimentali.

(b) Il ruolo di altre interfacce, in particolare dell'interfaccia soluzione/gas, è stato ignorato. È essenziale considerare prima gli equilibri chimici dell'oleato in soluzione per valutare correttamente il ruolo di questi due fattori nella flottazione.

2.3. Flottazione anionica inversa

La flottazione diretta anionica degli ossidi di ferro sembra essere una via interessante per la concentrazione di minerali di basso grado o di materiale attualmente stoccato nei bacini di decantazione. Gli acidi grassi possono essere impiegati come collettori, ma la depressione dei minerali di ganga è una sfida che deve ancora essere superata. La flottazione anionica inversa del quarzo attivato era una via utilizzata agli albori della flottazione del quarzo, quando le ammine non erano disponibili per i trasformatori di minerali.

La flottazione dei silicati avviene anche attraverso l'uso di collettori anionici con attivazione di ioni metallici. L'ampio lavoro di Fuerstenau e collaboratori (Fuerstenau et al., 1963; 1966; 1970;

1967; Palmer et al., 1975) spiegano che la specie attivante è il primo complesso idrossilico e la flottazione avviene solo nella regione di pH che corrisponde alla formazione di specie idrossiliche primarie. Le risposte di flottazione del quarzo sono correlate alla concentrazione di collettore anionico sul bordo di precipitazione del sapone metallico, il che implica che il complesso idrossilico interagisce con l'oleato o il solfonato in modo da formare la specie collettrice.

La flottazione anionica inversa scarta il quarzo attivandolo prima con l'uso di calce e poi facendolo galleggiare utilizzando acidi grassi come collettori. I vantaggi della flottazione anionica inversa, rispetto alla flottazione cationica inversa, includono la sensibilità quasi inferiore alla presenza di melme e il costo inferiore dei reagenti, poiché gli acidi grassi sono i componenti principali degli scarti dell'industria cartaria (Ma et al., 2011). Houot (1983) ha affermato che la tolleranza degli slimes nella flottazione anionica inversa è così elevata che non è necessaria la deslimazione prima della flottazione. Negli ultimi anni, la flottazione anionica inversa è stata applicata con successo nella principale area mineraria cinese, Anshan (Shen e Huang, 2005; Zhang et al., 2006). In questi studi, la flottazione anionica inversa è stata effettuata senza deslimazione, il che sembra supportare l'affermazione di Houot (1983).

Ma et al. (2011) hanno dimostrato che la flottazione anionica inversa ha risultati migliori per la flottazione di particelle fini (<10 µm) dal minerale di ferro Vale rispetto alla flottazione cationica dello stesso materiale. La flottazione cationica inversa degli slimes non ha fornito la selettività richiesta durante la separazione. Al contrario, quando sono state fatte galleggiare le particelle più grosse (>210 µm), la flottazione cationica inversa ha ottenuto risultati migliori. In definitiva, la ricerca ha confermato che la flottazione cationica inversa è più sensibile alla deslimazione dell'alimentazione di flottazione, mentre la via anionica è più sensibile alla composizione ionica della pasta.

La Fig. 2.10 mostra il recupero cumulativo di quarzo e ferro in funzione del tempo di flottazione nella flottazione inversa cationica/anionica. Le prove di flottazione cationica inversa sono state effettuate a pH 10,5 e quelle anioniche inverse a pH 11,5 (Ma et al., 2011).

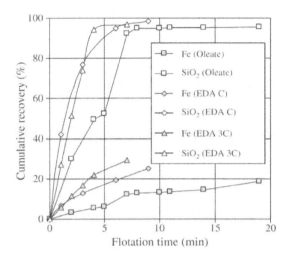

Fig. 2.10. Recupero cumulativo di quarzo e ferro in funzione del tempo di flottazione utilizzando come collettori l'oleato di sodio e le ammine isononiliche (EDA C e EDA 3C). Come depressore è stato utilizzato un amido da 1000 g/t.

Ovviamente, la flottazione del quarzo nella flottazione cationica inversa è significativamente più veloce di quella nella flottazione anionica inversa. Nella flottazione anionica inversa, anche dopo un tempo di flottazione prolungato, una piccola parte di quarzo rimane non flottata.

Le curve delle dimensioni di recupero riportate nella Fig. 2.11 illustrano che, per le particelle ultrafini (inferiori a 10 µm), il recupero del Fe nei concentrati è estremamente basso nella flottazione cationica inversa, con valori compresi tra il 3 e il 7%, probabilmente a causa del trascinamento delle particelle ultrafini di ematite nei prodotti della schiuma. Tuttavia, nella flottazione anionica inversa, il recupero delle particelle ultrafini di ematite è significativamente più elevato, con quasi tutte le particelle ultrafini di quarzo respinte. Il recupero dell'ematite nell'intervallo di dimensioni delle particelle da 5 a 10 µm è del 58% e scende al 15% per le particelle più fini. Al contrario, nell'intervallo di dimensioni delle particelle grossolane (>210 µm), la flottazione cationica inversa si comporta meglio della flottazione anionica inversa, con un maggior numero di particelle di quarzo grossolane scartate. La Fig. 2.11 mostra che le particelle grossolane di quarzo non flottate nella flottazione anionica inversa corrispondono alla piccola porzione di quarzo non flottata anche dopo un tempo di flottazione prolungato nella Fig. 2.10.

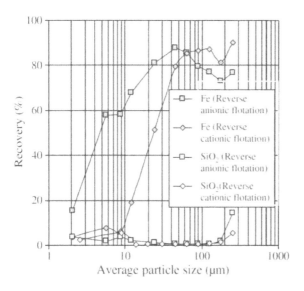

Fig. 2.11. Recuperi per dimensione dei singoli componenti per la flottazione cationica inversa e la flottazione anionica inversa di campioni deslimati.

Come mostra la Fig. 2.11, il quarzo non flottato nella flottazione anionica inversa aumenta bruscamente a partire da particelle di dimensioni superiori a 210 μm. Pertanto, la forte diminuzione della curva per l'oleato al di sopra del 66% di Fe (Fig. 2.12) è dovuta alla difficoltà di rimuovere le particelle di quarzo più grossolane di 210 μm nella flottazione anionica inversa. Secondo Iwasaki (1983) e Nummela e Iwasaki (1986), l'efficienza della flottazione del quarzo diminuisce a partire da particelle più grosse di 75 μm, sia per la flottazione cationica che anionica. Un'analisi visiva dei risultati riportati da Vieira e Peres (2007) rivela che, a pH 10, utilizzando 60 g/t di etere monoamminico come collettore, il recupero di flottazione delle particelle di quarzo da -74 a +38 μm è vicino al 100%, e si riduce a ~50% per le particelle di quarzo da -150 a +74 μm. La flottazione del quarzo cessa sostanzialmente per le particelle di quarzo da -297 a +150 μm. Secondo i risultati di questo studio, nell'intervallo di dimensioni delle particelle grossolane, l'isononil etere amminico supera l'oleato, con un maggior numero di particelle di quarzo grossolane flottate.

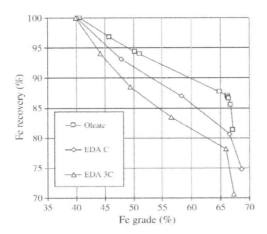

Fig. 2.12. Recupero di Fe in funzione del grado di Fe per le prove di flottazione su campioni deslimati, utilizzando oleato di sodio, EDA C e EDA 3C come collettori.

La presenza di slimes è stata riscontrata come causa di effetti negativi significativi in entrambi i percorsi di flottazione. L'amido è il depressore universale degli ossidi di ferro nella flottazione dei minerali ferrosi (Araujo et al., 2005; Ma, 2008), che funge anche da flocculante delle particelle ultrafini (Iwasaki et al., 1988; 1999). È stato riscontrato un aumento significativo del consumo di amido senza la deslimazione prima della flottazione (Ma et al., 2011).

Nella flottazione cationica inversa, il dosaggio ottimale di amido utilizzato sui campioni deslimati, cioè 1000 g/t di amido, è risultato insufficiente a deprimere l'ematite. Quando il dosaggio di amido aumenta da 1000 g/t a 1500 g/t, il grado del concentrato passa dal 45,19% al 67,86% di Fe. Anche il recupero del ferro migliora significativamente, ma rimane inferiore al 60%. Una tendenza simile è stata osservata nella flottazione anionica inversa, ma il consumo di amido è ancora più elevato rispetto alla flottazione cationica inversa (Tabella 2.1).

A 1000 g/t di amido, i gradi del concentrato e dell'alimentazione sono praticamente gli stessi, il che indica l'assenza di separazione tra ematite e quarzo. Quando il dosaggio di amido aumenta da 1000 a 2000 g/t, si osserva una certa depressione dell'ematite e la selettività della flottazione anionica inversa è migliorata in modo significativo. Il dosaggio di amido utilizzato in questo lavoro è stato controllato a ≤2000 g/t per motivi economici. (Tabella 2.1).

Tabella 2.1: Effetto del dosaggio di amido sulla flottazione cationica e anionica inversa (senza deslimazione prima della flottazione).

Flottazione cationica inversa					Flottazione anionica inversa		
Dose di amido (gr/t)	parametro	Fe (%)	SiO2 (%)		Dose di amido (gr/t)	Fe (%)	SiO2 (%)
	Grado	45.19	34.52			40.06	40.97

1000	Recupero	38.85	28.98	1000	97.63	96.55
	Grado	66.11	5.18		44.45	36.24
1250	Recupero	54.81	4.4	1500	61.6	52.99
	Grado	67.86	2.64	Ωnnn	55.79	18.55
1500	Recupero	50.35	1.99	2000	72.36	23.65

La Fig. 2.13 confronta le prestazioni di flottazione della flottazione anionica inversa e della flottazione cationica inversa (Ma et al., 2011).

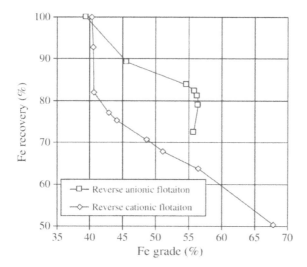

Fig. 2.13. Recupero del Fe in funzione del grado di Fe per la flottazione anionica inversa e la flottazione cationica inversa senza deslimazione.

Le curve grado-recupero della Fig. 2.13 dimostrano che, a parità di grado di concentrato, il recupero del ferro nella flottazione anionica inversa è superiore di quasi il 18% rispetto a quello nella flottazione cationica inversa. Tuttavia, man mano che il test di flottazione anionica inversa procede, l'ematite inizia a galleggiare e si riferisce alla schiuma, il che indica una depressione insufficiente del minerale di ferro.

Il grado di concentrato più elevato ottenuto nella flottazione cationica inversa del campione senza deslimazione sembra essere pertinente al trascinamento di particelle ultrafini. Come dimostrato sul campione deslimato, il trascinamento di particelle ultrafini nella schiuma nella flottazione cationica inversa è significativamente più elevato rispetto alla flottazione anionica inversa. Nella flottazione cationica inversa senza deslimazione, si è visto che gli slime si sono depositati nella schiuma nei primi minuti, lasciando il resto del processo di flottazione poco influenzato dagli slime.

Sebbene Houot (1983) abbia riferito che la deslimazione prima della flottazione non è necessaria nella flottazione anionica inversa, a causa della sua tolleranza relativamente elevata agli slimes, finora non è stata convalidata con prove sperimentali. Il successo dell'applicazione della flottazione anionica inversa senza deslimazione prima della flottazione nell'industria cinese dei minerali di ferro sembra supportare l'affermazione di Houot. Tuttavia, da uno studio completo della pratica cinese è emerso che l'alimentazione della flottazione viene trattata con più di uno stadio di separazione magnetica, che potrebbe essere considerato un metodo di deslimazione selettiva.

In letteratura, l'importanza delle interazioni elettrostatiche tra le particelle minerali per la flottazione che coinvolge particelle ultrafini è ampiamente identificata (Meech, 1981; Pindred e Meech, 1984; Cristoveanu e Meech, 1985). Un effetto negativo generalmente accettato degli slimes nella flottazione dei minerali di ferro è l'eterocoagulazione di particelle di quarzo ultrafini con particelle di ematite più grossolane e l'eterocoagulazione di particelle di ematite ultrafini con particelle di quarzo più grossolane (Fuerstenau et al., 1958; Usui, 1972). Tale eterocoagulazione maschera le proprietà superficiali delle particelle più grossolane e riduce significativamente l'adsorbimento selettivo dell'amido.

Prima di aggiungere l'amido alla pasta di flottazione, si suppone che le forze elettrostatiche repulsive tra le particelle di quarzo ed ematite caricate negativamente nella flottazione anionica inversa siano più forti di quelle della flottazione cationica inversa. Di conseguenza, l'eterocoagulazione delle particelle ultrafini di quarzo/ematite in particelle più grossolane di ematite/quarzo può essere più significativa nella flottazione cationica inversa. Come discusso in precedenza, ciò potrebbe ridurre la selettività di adsorbimento dell'amido e contribuire alla minore selettività della flottazione cationica inversa in presenza di particelle ultrafini. Dopo l'aggiunta di calce alla pasta di flottazione, la carica superficiale del quarzo viene invertita da negativa a positiva per favorire l'adsorbimento degli acidi grassi. L'aggiunta di calce può causare la coagulazione delle particelle di quarzo. Tuttavia, in questa fase, le molecole di amido sono già chimicamente adsorbite sulla superficie dell'ematite e quindi la coagulazione causata dalla calce non può interferire con l'adsorbimento selettivo dell'amido nella flottazione anionica inversa.

Capitolo 3

Flottazione cationica

3.1. Collettori cationici

Le ammine sono collettori cationici, cioè assumono una carica positiva in soluzione acquosa, rendendole suscettibili di reagire con superfici minerali cariche negativamente all'interno dello stesso ambiente. I collettori amminici possono essere classificati in base al numero di radicali idrocarburici legati al gruppo azoto (Fig. 3.1): primari (cioè quelli in cui è presente un solo gruppo idrocarburico con due atomi di idrogeno), secondari, terziari e quaternari (il quarto idrogeno può anche essere sostituito con un gruppo idrocarburico, ottenendo un composto base di ammonio quaternario).

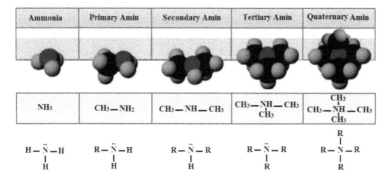

Fig. 3.1. Ammine primarie, secondarie, terziarie e quaternarie.

Anche le ammine possono essere classificate in quattro gruppi in base al metodo con cui sono state ottenute e alla lunghezza del radicale idrocarburico (Tabella 3.1). È noto che un aumento della catena alchilica di un determinato collettore migliora la flottabilità e diminuisce la concentrazione soglia necessaria per la flottazione (Rao, 2004).

Un'altra classificazione delle ammine comprende le ammine alchiliche ($R-NH_2$), le ammine ariliche e le ammine alchiliche a seconda che l'atomo di azoto sia attaccato a un atomo di carbonio di una catena o a un atomo di carbonio di una struttura ciclica o a entrambi.

In commercio, le ammine grasse sono normali ammine alifatiche, con gruppi alchilici lunghi di 8-22 atomi di carbonio. Sono il prodotto dell'ammonolisi dei grassi naturali. Come gli acidi grassi, anche le ammine hanno una catena di carbonio non ramificata. Le ammine grasse sono derivate dagli acidi grassi mediante conversione degli acidi in nitrati, seguita da idrogenerazione catalitica dei nitrili in ammine (Bulatovic, 2007).

Tabella 3.1.: Gruppi rappresentativi di collettori amminici

Group	Structure	R
Fatty amine	$R-CH_2-NH_2$	C8-C22
Fatty diamine	$R-N(H)-C-C-NH_2$	C12-C24
Ether amine	$R-O-C-C-C-NH_2$	C6-C13
Ether diamine	$R-O-C-C-C-N-C-C-C-NH_2$	C8-C13
Condensates	$R-C(=O)-N(H)-C-C-N(H)-C-C-N(H)-C(=O)-R$	C18

La presenza del gruppo idrofilo extra migliora la solubilità del reagente, che facilita il suo accesso alle interfacce solido-liquido e li-quido-gas, aumenta l'elasticità del film liquido intorno alle bolle e influisce anche sul momento di dipolo della testa polare, che abbassa il tempo di rilassamento dielettrico principale (tempo di riorientamento dei dipoli). Questa caratteristica è rilevante per quanto riguarda la capacità di schiumare dell'ammina. L'agente schiumogeno ha un effetto sulla cinetica di adesione delle bolle di particelle, rendendo il tempo di rilassamento necessario rispetto al tempo di contatto. In queste condizioni, il tempo di collisione è più lungo del tempo necessario per l'assottigliamento e la rottura della lamella che circonda la bolla (Araujo et al. 2005).

Le ammine grasse primarie, utilizzate nelle prime fasi della flottazione industriale inversa dei minerali di ferro, non sono più utilizzate (Smith et al., 1973; Montes-Sotomayor et al., 1998). In seguito, con l'inserimento del gruppo polare - O- (CH_2)$_3$ tra il radicale idrocarburico e il gruppo polare di testa NH2 che conduce alla N- alchilossipropilammina (R- O - (CH_2)$_3$- NH2), che sono note come ammine etere (Houot, 1983; Papini et al., 2001; Filippov et al., 2010; Lima et al., 2013).

Le ammine etere sono più solubili in acqua delle ammine grasse, ma hanno un potere di raccolta ridotto. Mettendo nuovamente a contatto l'ammina eterea con l'acrilonitrile si otterrebbero le diammine eteree, che di solito sono liquide.

3.2. Flottazione cationica inversa

La via della flottazione cationica inversa è ampiamente utilizzata nell'industria del minerale di ferro. La flottazione di quarzo, silicati e mica viene spesso effettuata con collettori cationici. La flottazione cationica inversa del quarzo è molto efficace per il trattamento dei minerali di ferro per produrre concentrati di minerale di ferro di alta qualità. In questo processo, il quarzo come principale minerale di ganga viene fatto flottare con collettori cationici. I minerali di ferro sono generalmente depressi con depressori quali amido, destrina e acido umico.

Papini et al. (2001) hanno eseguito un gran numero di esperimenti di flottazione rougher solo su scala di banco di un minerale di ferro proveniente dal Quadrangolo del Ferro, in Brasile. Sono stati selezionati diversi collettori cationici: monoammina grassa, diammina grassa, monoammina etere, diammina etere, condensato e cherosene combinato con ammina. Le ammine grasse e i condensati hanno prodotto concentrati con contenuti di silice molto elevati. Per il particolare minerale in esame, in disaccordo con l'aspettativa che la presenza di un secondo gruppo polare rafforzi il potere di raccolta, le monoammine eteree si sono rivelate collettori più efficienti delle diammine eteree. D'altra parte, per lo stesso tipo di minerale, le diammine sono risultate più efficaci delle monoammine quando utilizzate in combinazione con il cherosene. La miscela di diammine e monoammine è una pratica abituale in un grande concentratore. Per ottenere bassi contenuti di silice nel concentrato, la proporzione di diammina è maggiore quando si producono concentrati con specifiche per la riduzione diretta.

Anche la combinazione di etere amminico e "olio diesel" è stata utilizzata nella pratica dell'impianto. Questo prodotto è simile all'olio combustibile ASTM #5, ampiamente utilizzato nella flottazione dei fosfati in Florida (Araujo et al., 2005). La chiave del successo di questa tecnica è l'emulsione della fase oleosa nella soluzione amminica (Pereira, 2003). La percentuale di olio nella miscela di collettori è di circa il 20%. Si sostiene che si ottiene una riduzione del consumo di ammina senza influenzare il recupero metallurgico (Araujo e Souza, 1997). Sono state analizzate le acque reflue del bacino di decantazione di un concentratore che ha funzionato con olio diesel per oltre un anno. Non sono stati riscontrati effetti dannosi per le specie in esame. Le caratteristiche delle acque reflue sono simili a quelle osservate prima dell'applicazione del gasolio (Araujo et al. 2005).

La deciletereamina è il principale collettore per il quarzo e l'amido è il depressore per i minerali di ferro nella flottazione cationica inversa, fino a pH>9 (Wang e Ren, 2005). La presenza di ammina molecolare in soluzione è dannosa per la flottazione dell'ematite. L'amido è adsorbito in modo specifico su entrambi i minerali (più sul quarzo che sull'ematite). Tuttavia, a seconda della concentrazione del collettore e del pH (adsorbimento concorrente), l'amido adsorbito sul quarzo si desorbirà in ambiente alcalino in presenza di sale di alchilammonio (Montes Sotomayor et al., 1998; Wang e Ren, 2005). Il concentratore di Gong- ChangLing ha utilizzato la dodecilammina come collettore per la flottazione dei silicati dal concentrato di magnetite. Il grado di ferro del concentrato ha raggiunto il 68,85% di Fe totale e il contenuto di SiO_2 è stato ridotto dall'8% al 3,62% alla temperatura di flottazione ottimale tra 20 °C e 25 °C (Ping, 2002).

L'uso della dodecilammina presenta problemi quali scarsa selettività, bolla coesiva e minore raccoglibilità a bassa temperatura. Recentemente, i tensioattivi di ammonio quaternario hanno attirato numerose attenzioni per la loro elevata capacità di solubilizzazione, la significativa selettività e la raccoglibilità per il quarzo contro i minerali di ferro (Chen et al., 1991; Wang e Ren, 2005; Weng et al., 2013). Rispetto alla dodecilammina, i tensioattivi di ammonio quaternario con gruppo funzionale estere e code di idrocarburi (M-302) hanno mostrato una migliore capacità di raccolta e selettività con le particelle di quarzo (Weng et al., 2013).

Wang e Ren (2005) hanno trovato un nuovo collettore cationico con una migliore selettività e raccoglibilità rispetto all'ammina alchilica per completare la flottazione selettiva della silice dai minerali di ferro con un sale di ammonio quaternario combinato. Hanno dimostrato che il CS-22 (cloruro di dodecil dimetil benzil ammonio e cloruro di dodecil trimetil ammonio sono stati miscelati con un rapporto di 2:1) è un collettore adatto per la flottazione del quarzo da magnetite e specularite rispetto al cloruro di dodecilammina e al bromuro di cetil trimetilammonio. La Fig. 3.2 mostra i risultati della flottazione dei minerali puri.

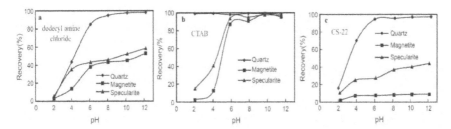

Fig. 3.2. Recupero rispetto al pH della flottazione di minerali puri utilizzando (a) cloruro di dodecilammina, (b) bromuro di cetil-trimetilammonio e (c) CS-22 con una concentrazione di 1*10-5 M

Il cloruro di dodecilammina mostra la stessa selettività per la separazione per flottazione del quarzo da magnetite e specularite nell'intervallo di pH 6-12, e il recupero di magnetite e specularite è vicino al 40%-60%, mentre il recupero del quarzo è superiore all'85% (Fig. 3.2.a). Il bromuro di cetil-trimetilammonio mostra una selettività più elevata rispetto al cloruro di dodecilammonio e al CS-22 (Fig. 3.2.c) per la flottazione del quarzo dalla magnetite e dalla specularite nell'intervallo di pH 2-5, ma poiché il recupero di questi tre minerali è vicino al 95%, non c'è selettività a un pH >5 (Fig. 3.2.b).

I risultati riportati nella Fig. 3.2 rivelano che il nuovo collettore combinato CS-22 ha le stesse prestazioni del cloruro di dodecilammina per la flottazione di tre minerali, ma il CS-22 mostra una migliore selettività rispetto al cloruro di dodecilammina nell'intervallo di pH 6-12. Il recupero della magnetite e della specularite è inferiore al 10% e al 40% rispettivamente, mentre il recupero del quarzo è di circa il 95% nell'intervallo di pH 6-12. Il recupero della magnetite e della specularite è inferiore al 10% e al 40%, rispettivamente, mentre il recupero del quarzo è di circa il 95% nell'intervallo di pH 6-12.

Per rimuovere il quarzo dalla magnetite e dalla specularite a pH naturale = 6-7, il CS-22 presenta maggiori vantaggi rispetto al cloruro di dodecilammina e al bromuro di cetil-trimetilammonio sia in termini di selettività che di raccoglibilità. Il CS-22 è quindi un collettore adatto per omettere il quarzo dalla magnetite e dalla specularite per soddisfare la flottazione cationica inversa del minerale di ferro. Il CS-22 preferisce essere adsorbito sulla superficie del quarzo, cambia i suoi potenziali zeta e gli angoli di contatto e aumenta la sua idrofobicità. I risultati dell'FTIR mostrano che il CS-22 è adsorbito sulla superficie del quarzo in modo fisico, poiché non vengono prodotti nuovi prodotti.

Weng et al. (2013) hanno proposto un nuovo tensioattivo ammonico quaternario contenente esteri (M-302) dopo i loro studi sulla flottazione cationica inversa di silicati da minerali di magnetite cinesi. L'M-302 è stato sintetizzato attraverso una reazione tra l'acido adipico e l'N- (2, 3- epossipropil) dodecil dimetil ammonio cloruro; quest'ultimo è stato sintetizzato dal dodecil dimetil ammonio e dall'epicloridrina. Rispetto alla dodecilammina cloridrato, i principali vantaggi dell'M-302 sono il suo più forte potere collettore, la maggiore attività superficiale, la minore concentrazione critica di micelle, la maggiore capacità di solubilizzazione e la maggiore stabilità della schiuma durante la flottazione. L'effetto della concentrazione del collettore M-302 è stato studiato dalla risposta di flottazione della magnetite in funzione del dosaggio del depressore, della temperatura e del pH dell'impasto, al fine di analizzare in modo comparativo la capacità di raccolta della dodecilammina cloruro. Secondo i risultati, l'M-302 dimostra un potere di raccolta maggiore rispetto al cloruro di dodecilammina.

Questo studio ha rivelato che l'efficienza di classificazione è stata massima in presenza di 0,159 mmol/L di M-302 (0,271 mmol/L di DDA-HCl) a 300 g/t di amido alcalino, a pH neutro e a 25 °C. Ciò indica che l'M-302 ha una migliore selettività e una maggiore capacità di raccolta dei silicati rispetto al DDA-HCl.

I risultati mostrano che nell'intervallo 5-35 °C, il recupero del concentrato di Fe è stato di circa il 70% (circa 61% di grado) quando è stato utilizzato l'M-302 come collettore, che ha raggiunto il massimo del 72,45% (61,52% di grado) a 35 °C. Tuttavia, con DDA-HCl, il recupero del concentrato di Fe è stato solo inferiore al 64% (circa 61% di grado). Ad eccezione della temperatura di 25 °C, è stato raggiunto il risultato migliore (70,85% di recupero del concentrato di Fe, 60,9% di grado). Pertanto, M-302 mostra una migliore adattabilità alla temperatura in un ampio intervallo di temperature rispetto a DDA-HCl. Inoltre, dalla misurazione dei potenziali zeta, i risultati mostrano che l'M-302 preferisce essere adsorbito sulla superficie del quarzo.

Sono stati eseguiti anche esperimenti comparativi (testati in colonna di vetro) tra M-302 e dodecilammina cloruro sulla stabilità della schiuma (Fig. 3.3).

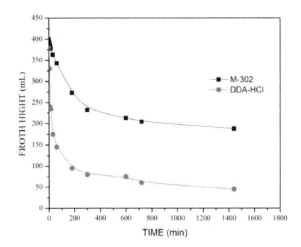

Fig. 3.3. Tasso di collasso della schiuma rispetto al tempo (in condizioni di 0,159 mmol/L M-302 e 0,271 mmol/L DDA-HCl con 300 g/t di amido alcalino, a 25 °C)

Come si può vedere dalla Fig. 17, il volume della schiuma prodotta da M-302 e DDA-HCl era rispettivamente di 380 mL e 400 mL all'inizio. La schiuma formata da dropped è collassata più rapidamente di quella di M-302 nel tempo successivo. Dopo 24 ore, le curve dei tassi di collasso della schiuma hanno raggiunto l'equilibrio: La quantità di schiuma rimanente di DDA-HCl era di 45 mL, mentre la quantità di schiuma rimanente di M-302 era di 188 mL. Ciò indica che il tasso di collasso della schiuma era più veloce di quello di M-302 e che la schiuma prodotta da DDA-HCl è più fine e fragile.

I tensioattivi gemini sono una classe speciale di tensioattivi che contengono due gruppi di testa idrofili e due code idrofobiche legate covalentemente attraverso uno spaziatore (Menger e Littau, 1991; Zana, 2002). Grazie alle loro proprietà uniche, superiori a quelle dei tensioattivi monomerici, questi tensioattivi stanno guadagnando sempre più attenzione. Poiché questi tensioattivi hanno bassi valori di CMC, sono più tensioattivi, hanno una migliore capacità di solubilizzazione, una maggiore attività biologica e una migliore bagnatura e schiumatura rispetto ai tensioattivi monomerici convenzionali (Devinsky et al., 1986; Goracci et al., 2007; Wei et al., 2011). I tensioattivi Gemini hanno quindi applicazioni industriali più versatili come emulsionanti e disperdenti in detergenti, cosmetici, prodotti per l'igiene personale, rivestimenti e formulazioni di vernici (Chen et al., 2008). I tensioattivi Gemini hanno ricevuto un interesse più recente anche come agenti modificatori per la preparazione di argille organiche e come nuovi agenti di trasfezione genica, grazie alle loro superiori proprietà attive in superficie e alla capacità di legare il DNA (Wang et al., 2013; Xue et al., 2013). I gemelli come agente collettore per la flottazione dei minerali di ferro sono stati finora poco esaminati (Thella et al., 2012; Weng et al., 2013). Vale la pena menzionare che i loro studi si sono limitati a un breve comportamento di flottazione del minerale di ferro utilizzando un tensioattivo Gemini. Non è stato fatto alcuno sforzo sincero per capire il meccanismo di adsorbimento del tensioattivo Gemini alle interfacce liquido/gas e liquido/solido e la sua influenza sulle prestazioni di flottazione (Huang et al., 2014).

Huang et al. (2014) hanno introdotto un tensioattivo Gemini, l'etano -1, 2-bis (dimetil-dodecil-bromuro di ammonio) (EBAB), come collettore per la separazione per flottazione cationica inversa del quarzo dalla magnetite.

I risultati della flottazione hanno mostrato che l'EBAB presentava un potere di raccolta maggiore rispetto al tensioattivo monomerico convenzionale cloruro di dodecilammonio (DAC) e una selettività superiore per il quarzo rispetto alla magnetite.

Il tensioattivo Gemini etano-1, 2-bis (dimetil-dodecul-ammonio bromuro) (EBAB), come collettore, è stato sintetizzato utilizzando N, N, N', N'-tetrametiletilendiammina con 1- bromodecano. La Fig. 3.4 mostra le strutture chimiche del tensioattivo Gemini EBAB e del tensioattivo monomerico convenzionale DAC.

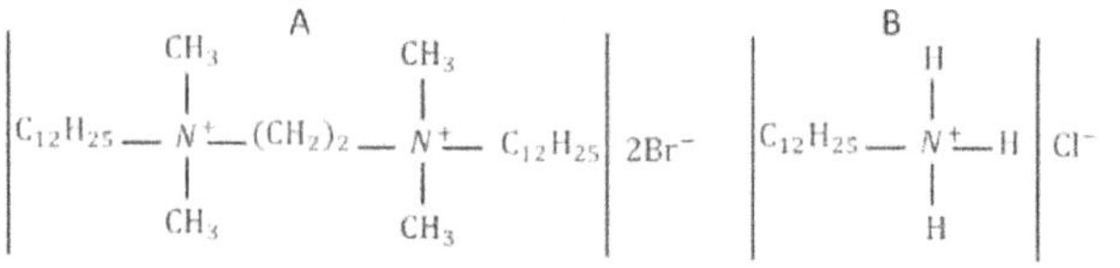

Fig. 3.4. Strutture chimiche dei tensioattivi Gemini EBAB (a) e DAC (b) (Huang et al., 2014).

Fig. 3.5 ha mostrato l'effetto dei valori di pH sulla flottazione di quarzo e magnetite utilizzando i collettori citati (CC = 2,5 * 10^{-5} mol/L). Con l'aumento del pH, il recupero di flottazione del quarzo è aumentato gradualmente, ma è diminuito a pH > 10 quando è stato impiegato il DAC. Tuttavia, per l'EBAB, il recupero del quarzo è aumentato con l'aumentare dei valori di pH e si è mantenuto >90% anche quando i valori di pH erano superiori a 12. A pH naturale 6,56, il recupero di flottazione del quarzo è stato del 93,03% e del 77,46% utilizzando rispettivamente il collettore EBAB o DAC. L'intervallo di pH adatto per la flottazione del quarzo era 6-12 per l'EBAB e 6-10 per il DAC. È evidente che la capacità di raccolta dell'EBAB è più forte di quella del DAC, soprattutto in condizioni fortemente alcaline. Per quanto riguarda la flottazione della magnetite, i due collettori hanno mostrato una debole capacità di raccolta, in quanto i recuperi di magnetite non superavano il 10% ai valori di pH 2-12. Utilizzando il collettore EBAB o DAC, a pH naturale 6,84, il recupero di magnetite per flottazione è stato rispettivamente del 7,32% e del 3,61%. Pertanto, i valori di pH appropriati per la separazione per flottazione del quarzo dalla magnetite erano 6-10.

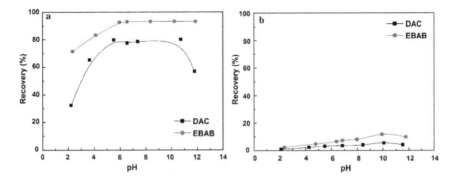

Fig. 3.5. Recupero di quarzo (a) e magnetite (b) in funzione del pH utilizzando EBAB o DAC come collettore (CC = 2,5 * 10^{-5} mol/L).

Il potenziale Zeta del quarzo e della magnetite in funzione del pH in assenza e in presenza di 2,5 * 10*5 mol/L di EBAB è stato mostrato in Fig. 3.6. Lo ZPC del quarzo e della magnetite era rispettivamente di 2,00 e 5,83, in accordo con quelli precedentemente riportati (Yuhua e Jianwei, 2005; Filippov et al., 2010). Il potenziale zeta del quarzo e della magnetite ha mostrato un notevole spostamento verso potenziali zeta più positivi in presenza di EBAB, indicando che le molecole cationiche Gemini sono state adsorbite sul quarzo e sulla magnetite attraverso la forza elettrostatica. Inoltre, dopo l'interazione con l'EBAB, l'incremento del potenziale zeta del quarzo è stato molto maggiore di quello della magnetite, a dimostrazione del fatto che l'EBAB ha preferito essere adsorbito sulle superfici di quarzo. I risultati del potenziale zeta hanno rivelato che l'EBAB è stato adsorbito su quarzo e magnetite principalmente attraverso l'attrazione elettrostatica, in accordo con i risultati degli spettri FTIR (Huang et al., 2014).

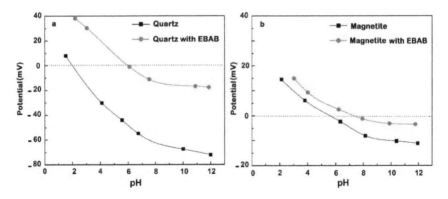

Fig. 3.6. Potenziale zeta del quarzo e della magnetite in funzione del pH in assenza e in presenza di EBAB.

Secondo il "modello a quattro regioni" proposto da Somasundaran e Fuerstenau (1966), la misurazione del potenziale zeta può caratterizzare il comportamento di adsorbimento del tensioattivo all'interfaccia solido/acqua. Per spiegare il meccanismo responsabile dell'adsorbimento del tensioattivo Gemini EBAB all'interfaccia aria/acqua e quarzo/acqua, la dipendenza del recupero di flottazione, del potenziale zeta e della tensione superficiale della soluzione di EBAB è stata riprodotta in Fig. 3.7. Inoltre, in questa figura è stato proposto il modello schematico del tensioattivo EBAB adsorbito nelle quattro regioni di concentrazione (Huang et al., 2014).

Da questa figura si può capire che le variazioni del recupero di flottazione, del potenziale zeta e della tensione superficiale con l'aumento della concentrazione di massa possono essere suddivise in quattro fasi per la soluzione EBAB.

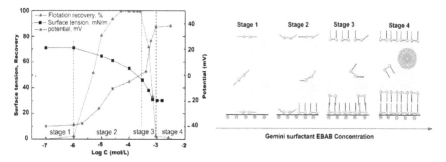

Fig. 3.7. Dipendenza del recupero di flottazione, del potenziale zeta e della tensione superficiale della soluzione di EBAB dal log C (lato sinistro) e modello schematico dell'adsorbimento del tensioattivo Gemini EBAB all'interfaccia aria/acqua e quarzo/acqua (lato destro).

Fase 1: la concentrazione di EBAB era troppo bassa per formare pellicole di adsorbimento alle interfacce aria/acqua e quarzo/acqua; pertanto, il recupero di flottazione, il potenziale zeta e la tensione superficiale sono rimasti pressoché invariati fino a $1 * 10^{-6}$ mol/L.

Nel frattempo, le molecole di EBAB sono state adsorbite elettrostaticamente sulla superficie del quarzo, con i gruppi di testa positivi in contatto con la superficie negativa del quarzo. Per ridurre al minimo il contatto con l'acqua, i gruppi di coda degli idrocarburi potrebbero rimanere piatti sulla superficie del quarzo.

fase 2: le molecole di EBAB iniziano a formare film di adsorbimento insaturi sia all'interfaccia aria/acqua che a quella quarzo/acqua e la tensione superficiale diventa sempre più bassa, mentre il potenziale zeta diventa sempre più positivo con l'aumentare della concentrazione. Le molecole di EBAB potrebbero allinearsi all'interfaccia aria/acqua con i gruppi di testa immersi nell'acqua e i gruppi di coda degli idrocarburi estesi nell'aria con un angolo che dipende dalle concentrazioni di EBAB. All'interfaccia quarzo/acqua, le molecole di EBAB potrebbero essere adsorbite con i gruppi di testa positivi rivolti verso la superficie negativa del quarzo, mentre i gruppi di coda degli idrocarburi sono protesi nell'acqua. È stato inoltre interessante notare che l'adsorbimento di molecole cationiche di EBAB renderebbe la superficie del quarzo più idrofobica e aumenterebbe i recuperi di flottazione del quarzo. In questo caso, nella fase 2, il potenziale zeta era ancora negativo e l'adsorbimento avveniva con i gruppi di testa dell'EBAB orientati verso la superficie del quarzo.

Fase 3: il primo film di adsorbimento saturo si è formato all'interfaccia quarzo/acqua e il potenziale zeta si è invertito da negativo a positivo al di sopra della concentrazione di 4,2 $*10^{-4}$ mol/L di EBAB; in queste condizioni il potenziale nello strato di Stern si è comportato contro un ulteriore adsorbimento. Quindi, le forze di dispersione di London tra le catene idrofobiche sono state la forza trainante per il proseguimento dell'adsorbimento. Inoltre, la repulsione elettrostatica ha fatto sì che gli ioni EBAB adsorbiti si orientassero in modo inverso, con i loro gruppi di testa rivolti verso la fase di soluzione, riducendo così l'idrofobicità della superficie del quarzo e i recuperi di flottazione del quarzo. Contemporaneamente, le molecole di EBAB vengono continuamente adsorbite all'interfaccia aria/acqua e la tensione superficiale diminuisce di conseguenza.

fase 4: la concentrazione di EBAB è arrivata alla sua CMC (circa 10^{-3} mol/L), si suppone che la morfologia della superficie del quarzo sia costituita da un bilayer completamente formato e da livelli di saturazione della copertura superficiale, quindi ulteriori aumenti della concentrazione di EBAB non hanno comportato ulteriori aumenti del potenziale zeta (Atkin et al., 2003). Poiché la superficie del quarzo è diventata idrofila, il recupero di flottazione del quarzo ha raggiunto un minimo ed è rimasto quasi invariato a circa zero.

L'applicazione di liquidi ionici come nuovi collettori del quarzo (Aliquat-336 e TOMAS) nella flottazione a schiuma è stata studiata da Sahoo et al. (2015). Aliquat-336 e TOMAS sono liquidi ionici a base di ammonio quaternario, in cui la testa dell'ammonio ha il compito di attaccarsi elettrostaticamente alla superficie del quarzo e i gruppi alchilici ingombranti causano l'idrofobicità (Sahoo et al., 2015). Generalmente i liquidi ionici sono costituiti da specie ioniche e rimangono esclusivamente liquidi in prossimità di 100 °C o anche al di sotto di tale temperatura. Questi composti hanno una bassa volatilità a causa della presenza di gruppi ingombranti. I liquidi ionici sono più facili da maneggiare come specie ioniche anche a temperatura ambiente, a differenza dei sali fusi che si ionizzano solo a temperature elevate. Sono generalmente utilizzati come catalizzatori di trasferimento di fase nella sintesi organica e come estrattori di solventi in sostituzione dei solventi organici convenzionali. I liquidi ionici possono essere progettati con diverse combinazioni di anioni e cationi. La sostituzione dei liquidi ionici ai solventi organici convenzionali può avvenire grazie alla loro bassa pressione di vapore, all'ampio intervallo di temperature, all'elevata stabilità termica e chimica (Neves et al., 2014; Ferreiraa et al., 2014; Yousfi et al., 2014; Lia et al., 2014). Sahoo et al. (2015) hanno esaminato l'applicazione di liquidi ionici (IL) a base di ammonio quaternario come collettori di flottazione del quarzo. È stato inoltre studiato l'effetto del numero di atomi di carbonio nelle quattro catene alchiliche identiche degli IL. Rispetto ai collettori convenzionali, come la dodecilammina (DDA) o il bromuro di cetiltrimetilammonio (CTAB), i risultati della flottazione del quarzo puro con l'uso di liquidi ionici sono risultati migliori. Questi liquidi ionici con gruppi cationici di ammonio quaternario sono generalmente utilizzati per l'estrazione di metalli pesanti, come catalizzatori, come solventi nella sintesi organica e come agenti tensioattivi.

L'uso di miscele di collettori cationici e anionici e di tensioattivi non ionici è stato suggerito per migliorare i risultati metallurgici della flottazione cationica dei silicati, compresi quelli contenenti ferro. Ciò può fornire una maggiore selettività di flottazione e recupero rispetto a ciascun reagente separato, oltre a una significativa riduzione del consumo di ammina (Filippov et al., 2014). Il meccanismo di adsorbimento dei collettori misti ammina cationica C12 e solfato/oleato anionico è stato studiato da Vidyadhar et al. (2012) su quarzo ed ematite mediante studi di flottazione Hallimond. La Fig. 3.8 mostra la risposta di flottazione del quarzo e dell'ematite in funzione della concentrazione di collettori cationici e anionici a pH neutro (da 6,0 a 6,3) (Fuerstenau et al., 1964; Vidyadhar et al. 2002).

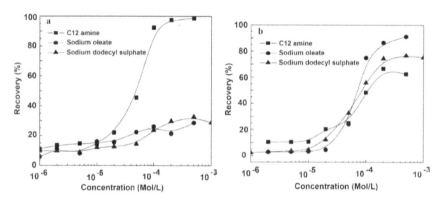

Fig. 3.8. Recupero di flottazione del quarzo (a) e dell'ematite (b) in funzione della concentrazione del collettore a pH neutro.

La risposta alla flottazione del quarzo e dell'ematite in funzione del pH è mostrata in Fig. 3.9. Il recupero di flottazione del quarzo è quasi del 90% con $1*10^{-4}$ M di ammina C12, al di sopra del quale si raggiunge il 100% di recupero. Tuttavia, nel caso dei collettori anionici, il quarzo non viene flottato nell'intervallo di pH neutro e si ottiene un recupero massimo di circa il 25% anche a concentrazioni più elevate. Sia nel caso di collettori cationici che anionici, il recupero di flottazione dell'ematite aumenta generalmente con l'aumentare della concentrazione (Fig. 3.9b). Il recupero di flottazione dell'ematite è di circa il 75% a $1*10^{-4}$ M di oleato di sodio, mentre il recupero osservato si aggira intorno al 40-50% per l'ammina C12 e il dodecil solfato di sodio, mantenendo lo stato nel livello di concentrazione, e il recupero massimo di flottazione del 90% si ottiene alla concentrazione di $5*10^{-4}$ M di oleato di sodio.

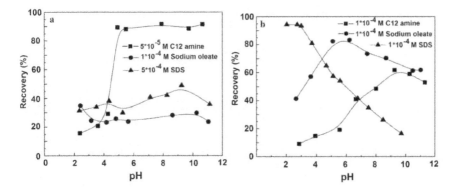

Fig. 3.9. Recupero di flottazione del quarzo (a) e dell'ematite (b) in funzione del pH a concentrazione fissa del collettore.

Con una concentrazione di ammina C12 pari a $5*10^{-5}$ M, l'impennata nel recupero del quarzo inizia a circa pH 3,5, oltre il quale si raggiunge quasi il 90% di recupero di flottazione in tutta la regione di pH ricercata. Tuttavia, con i collettori anionici, la risposta di flottazione del quarzo non è significativa in tutto l'intervallo di pH studiato, anche con concentrazioni più elevate di oleato e solfato, e il recupero massimo di circa il 45% è raggiunto con il dodecil-solfato di sodio a pH 9,5 circa.

I risultati della flottazione dell'ematite (Figura 3.9b) indicano chiaramente che con il collettore cationico C12 amminico, il recupero di flottazione aumenta con l'aumento del pH fino a circa pH 9,5 e successivamente il recupero diminuisce marginalmente. Un recupero massimo, con l'ammina C12, di circa il 60% si ottiene a pH 9,5. Il recupero di flottazione con l'oleato di sodio anionico aumenta con l'aumento del pH fino a circa 6,0 e successivamente il recupero si riduce relativamente. Il recupero massimo di flottazione dell'80% si ottiene a pH 6,0 con l'oleato di sodio. Questi risultati dimostrano che a pH altamente acidi tra 2 e 3, con il collettore sodio dodecil solfato anionico e il recupero diminuisce notevolmente con l'aumento del pH, si raggiunge un recupero massimo di flottazione di circa il 95%.

La risposta di flottazione del quarzo e dell'ematite con l'aumento della concentrazione di oleato di sodio in presenza di diverse concentrazioni di ammina a un pH neutro compreso tra 6,0 e 6,3 è presentata in Fig. 3.10. Secondo i risultati, la presenza di oleato di sodio anionico ha aumentato il recupero di flottazione fino a quando la concentrazione di oleato diventa uguale a quella della concentrazione di ammina C12 e al di sopra di questa si osserva un calo del recupero.

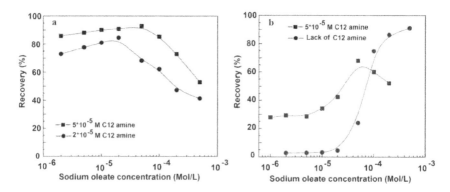

Fig. 3.10. Recupero di flottazione del quarzo (a) e dell'ematite (b) in funzione della concentrazione di oleato di sodio in presenza di diverse concentrazioni di ammina a pH neutro.

L'aumento del recupero di flottazione è dovuto all'adsorbimento dell'ammina C12 in presenza di oleato, ottenuto grazie all'inserimento dell'oleato tra due gruppi amminici superficiali adiacenti, diluendo così la loro repulsione elettrostatica e aumentando l'attrazione dei legami laterali coda-coda che inducono un ulteriore adsorbimento di ioni alchil-ammonio. I risultati illustrano l'aumento dell'adsorbimento del collettore cationico in presenza del collettore anionico, oltre al suo stesso coassorbimento (Vidyadhar et al., 2012). Quando la concentrazione di collettore anionico supera la concentrazione di ammina C12, è ragionevole pensare che l'ammina C12 formi un complesso solubile 1:2 con l'oleato/precipitato, che rende la recessione del recupero di flottazione, poiché i gruppi alchilici di queste specie adsorbite sono orientati in modo casuale sulla superficie. In alternativa, la privazione di ulteriore ammina C12 per l'adsorbimento o la saturazione della superficie con la formazione di monostrati, l'aumento della concentrazione di oleato provoca l'adsorbimento dell'oleato con orientamento inverso, che rappresenta l'idrofilia, e quindi porta alla diminuzione della flottazione.

I risultati della flottazione di quarzo ed ematite hanno mostrato un aumento dell'adsorbimento del collettore cationico in presenza del collettore anionico. A causa della diminuzione della repulsione elettrostatica testa-testa dell'alchil-ammonio adiacente alla superficie e quindi dell'aumento dei legami idrofobici coda-coda, la presenza di oleato aumenta l'adsorbimento dell'ammina C12 oltre al suo co-adsorbimento. Con l'aumento della concentrazione di oleato oltre la concentrazione di ammina C12, si osserva che l'ammina C12 forma complessi/precipitati solubili 1:2 e l'adsorbimento di queste specie ritarda la flottazione poiché i gruppi alchilici di queste specie adsorbite sono orientati in modo casuale sulla superficie.

Capitolo 4

Depressori

4. 1. Depressori

Nella flottazione inversa, i silicati vengono fatti galleggiare dopo aver depressurizzato l'ossido di ferro con opportuni reagenti come amido, destrina e CMC. L'azione depressiva dell'amido è dovuta al rivestimento di una superficie idrofobica naturale a bassa energia con un film idrofilo che impedisce l'attaccamento di bolle d'aria (Turrer e Peres, 2010). Le molecole di amido deprimono sia l'ossido di ferro che le particelle di silice, ma a causa delle grandi dimensioni dei radicali e dell'elevata elettronegatività, le ammine vengono ionizzate in acqua e reagiscono con le particelle di silice preferibilmente a pH leggermente alcalino (Liu-yin et al., 2010). Tuttavia, l'amido viene adsorbito sul quarzo e desorbito in ambiente alcalino in presenza di sali di ammonio alchilici a una concentrazione e a un pH adeguati del collettore. Questo non è il caso dell'ematite per la quale la dipendenza amido-minerale è più forte di quella del quarzo. Nella flottazione dei minerali di ferro, l'amido viene impiegato per rendere idrofila la superficie del ferro che porta i minerali per migliorare la selettività di flottazione di altri minerali silicati. L'azione depressiva dell'amido si verifica a causa del suo forte adsorbimento con la superficie del minerale (Abdel-Khalek et al., 2012). Liu- yin et al. (2009) hanno suggerito che il legame a idrogeno è il meccanismo di adsorbimento alla base degli amidi con i minerali ossidi a causa della presenza del gruppo idrossile sia nell'amido che negli ossidi minerali.

Diversi amidi derivati da mais, tapioca, riso, patata, mais e altri, come la gomma di guar, la gomma acacia, l'amido solubile, sono ampiamente utilizzati per deprimere minerali come l'ematite e la diaspora (Turrer e Peres, 2010; Hai-pu et al., 2010; Kar et al., 2013).

Ad esempio, l'amido di mais è ampiamente utilizzato in molte industrie come depressore per i minerali contenenti ferro. In Brasile, questo amido svolge un ruolo fondamentale nella flottazione di minerali di ferro, silvinite, solfuro di rame, ecc. Analogamente, sono stati condotti numerosi studi di flocculazione selettiva su fini minerali come bauxite, carbone, fosfato, cromite, ematite e magnetite, utilizzando l'amido come agente flocculante (Wang, 2003; Beklioglu e Arol, 2004; Pradip, 2006).

I prodotti industriali commercializzati come amido di mais sono costituiti essenzialmente da una frazione di amido (aniloptectina più amilosio), proteine, olio, fibre, sostanze minerali e umidità. I componenti di amilosio e amilopectina rappresentano la materia attiva del reagente che è principalmente responsabile dell'azione depressiva (Fuerstenau et al., 2007).

Iwasaki e Lai (1965) hanno osservato che gli amidi contenenti una maggiore componente di amilopectina vengono adsorbiti sull'ematite più dell'amido con amilosio.

Le molecole di amilosio e amilopectina sono legate tra loro attraverso legami idrogeno nelle molecole di amido, formando granuli da 3 a 100 μm insolubili in acqua fredda. Pertanto, per la loro dissoluzione si ricorre alla gelatinizzazione alcalina o termica. Il meccanismo della gelatinizzazione termica si basa sull'aumento della vibrazione dei legami idrogeno nelle molecole di amido e sulla loro rottura ad alte temperature (Filippov et al., 2014). Pertanto, le molecole di amido diminuiscono gradualmente di massa molecolare fino alla formazione di glucosemonomeri (Bertuzzi et al., 2007). Utilizzando l'idrossido di sodio, si effettua la gelatinizzazione alcalina, che può essere condotta a basse temperature. Questo metodo produce una soluzione di amido omogenea con una distruzione quasi totale dei granuli di amido. Tuttavia, la gelatinizzazione alcalina è stata meno studiata rispetto al metodo termico. L'efficacia della gelatinizzazione alcalina è fortemente influenzata dal rapporto amido/NaOH (Broome et al., 1951) e dalla tecnica di dissoluzione (Iwasaki e Lai, 1965; Filippov et al., 2014).

Alcuni studi di base sull'uso dell'amido hanno indicato che l'amido è un polisaccaride composto principalmente da due diversi tipi di polimeri di glucosio: amilopectina e amilosio. La componente amilopectinica dell'amido partecipa alla flottazione o flocculazione, ma gli amilosio non sono in grado di reagire con alcun minerale. È stato osservato che la maggior parte degli amidi industriali contiene il 20-30% di amilosio, il 70-80% di amilopectina e <1% di lipidi e proteine. Diversi studi scientifici come l'analisi termogravimetrica, l'infrarosso e il potenziale zeta hanno dimostrato che l'adsorbimento dell'amido sulla superficie dell'ematite è dovuto alla disponibilità di maggiori concentrazioni di siti metallici idrossilati (Weissenborn et al., 1995). Diversi tipi di amidi e polisaccaridi trovano ampia applicazione nella flottazione, negli adesivi, nella somministrazione di farmaci e nella flocculazione selettiva di minerali e minerali (Dogu e Arol, 2004). Pinto et al. (1992) hanno osservato da esperimenti di microflottazione presentati nella Fig. 4.1 che l'amilopectina è il componente dell'amido che deprime più efficacemente il minerale ematite.

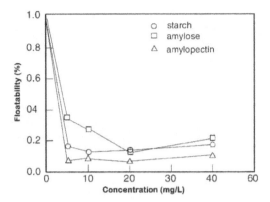

Fig. 4.1. Galleggiabilità dell'ematite in funzione della concentrazione del depressore.

Peres e Correa (1996) hanno spiegato l'importanza del rapporto tra amilosio e amilopectina nell'amido durante la depressione dell'ematite. Secondo il loro lavoro, quando si utilizza un'ammina eterea primaria come collettore, l'amilopectina abbassa la flottazione dell'ematite più profondamente dell'amilosio. Tuttavia, sono stati ottenuti risultati migliori utilizzando amido con un rapporto amilopectina/amilosio del 75/25% invece di amilopectina pura. A causa delle potenziali perturbazioni nella stabilità della schiuma, se il contenuto di olio (trigliceridi) nell'amido supera l'1,8%, le prestazioni dell'amido diminuiscono durante la flottazione cationica inversa di minerali di ferro.

L'amido di mais è stato utilizzato per la flottazione del minerale di ferro in Brasile dal 1978. Il nome commerciale del reagente era Collamil, che consiste in un prodotto molto fine e molto puro. Il contenuto di amilosio e amilopectina arrivava al 98-99%, su base secca, mentre il saldo era rappresentato da contenuti minori di fibre, sostanze minerali, olio e proteine. Questo amido è stato utilizzato alla Samarco e anche negli impianti di concentrazione dei fosfati. I problemi commerciali derivanti da un monopolio (era disponibile un solo fornitore del reagente) hanno portato alla ricerca di alternative da parte dei concentratori di ferro e di fosfati. Un prodotto, ampiamente utilizzato nella produzione di birra, è stato testato in laboratorio con minerali di ferro (Viana e Souza 1988; Araujo et al., 2005) e ripristinato con successo su scala industriale con minerali di ferro e fosfato. Questo prodotto, accessibile a condizioni commerciali interessanti, era l'amido in granuli. I termini di amido convenzionale (molto puro) e amido non convenzionale (meno puro (circa il 7% di proteine)) saranno applicati rispettivamente al Collamil e alla granigia.

In base ai risultati ottenuti dalla pratica dell'impianto, l'uso di amido non convenzionale non ha compromesso le prestazioni metallurgiche del concentratore in termini di recupero del ferro e di contenuto di contaminanti nel concentrato. Il prezzo del depressore alternativo era quasi la metà di quello dell'amido convenzionale. Nonostante l'evidenza pratica industriale che entrambi i tipi di amido hanno fornito prestazioni simili, i fornitori di amido convenzionale hanno affermato che il contenuto di proteine potrebbe essere dannoso per le prestazioni di flottazione (Araujo et al., 2005).

I risultati sperimentali di prove di microflottazione in un tubo di Hallimond modificato hanno dimostrato che la zeina, la proteina del mais più abbondante, è un depressore dell'ematite altrettanto efficiente dell'amilopectina e dell'amido di mais convenzionale (Peres e Correa, 1996). La Fig. 4.2 mostra la galleggiabilità dell'ematite in funzione della concentrazione di etere amminico per la zeina e altri depressori. Pertanto, le prestazioni industriali adeguate dell'amido non convenzionale non sono casuali (Peres e Correa, 1996).

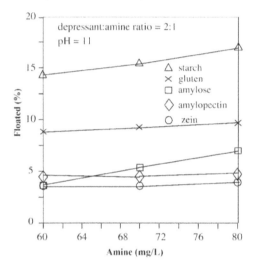

Fig. 4.2. Azione depressiva della zeina e di altri depressori sul quarzo.

Secondo Pavlovic e Brandao (2003), è migliorata la comprensione delle interazioni dell'amido e dei suoi componenti polisaccaridici (amilosio e amilopectina), del monomero glucosio e del dimero maltosio con i minerali ematite e quarzo nella flottazione dei minerali di ferro. Le isoterme di adsorbimento per l'amido di mais, l'amilosio e l'amilopectina su ematite e quarzo sono mostrate in Fig. 4.3a. Secondo i risultati, l'adsorbimento di amido, amilosio e amilopectina sull'ematite era simile. Sul quarzo, i risultati sono stati diversi: l'amilosio è stato maggiormente assorbito rispetto all'amido e l'amilopectina non è stata osservata.

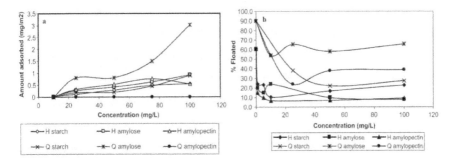

Fig. 4.3. (a) Adsorbimento di amido di mais, amilosio e amilopectina su ematite (H) e quarzo (Q). **(b)** Galleggiabilità di ematite e quarzo in funzione dei depressori citati.

Anche Schulz e Cooke (1953) hanno osservato la maggiore adsorbibilità dell'amilosio rispetto all'amilopectina e all'amido sulle superfici minerali. La Fig. 4.3b mostra l'effetto della concentrazione di polisaccaridi sulla galleggiabilità di ematite e quarzo. Come previsto, l'amido è stato un depressore più efficace per l'ematite rispetto al quarzo. I risultati hanno mostrato che l'amido, l'amilosio e l'amilopectina erano depressori per l'ematite in modo molto simile. Ma la depressione era diversa per il quarzo. L'amilosio ha mostrato le peggiori prestazioni come depressore del quarzo. Questi risultati possono essere attribuiti al fatto che l'amilosio non è un flocculante. Anche se l'adsorbimento dell'amilopectina era estremamente ridotto, era comunque efficiente come depressore del quarzo. Probabilmente, poche molecole di amilopectina sono riuscite ad ancorarsi alla superficie e quindi a flocculare le particelle di quarzo. Hogg (1999) ritiene che la relazione tra adsorbimento e flocculazione non sia chiara; l'adsorbimento è solo una fase di un fenomeno così complesso. Non è stato possibile correlare l'azione depressiva alla quantità di polisaccaride adsorbito, soprattutto per il quarzo, confrontando le densità di adsorbimento di amido, amilosio e amilopectina su ematite e quarzo con la loro azione depressiva.

Per impedire l'attaccamento delle bolle d'aria, si ritiene che l'azione depressiva comporti il rivestimento di una superficie idrofobica naturale a bassa energia con una pellicola idrofila. Tuttavia, non esiste un modo semplice per quantificare questi due effetti, la flocculazione e la flottazione. Nonostante questa difficoltà, un modo per testare questa proposta è quello di utilizzare il glucosio monomero e il maltosio dimero come depressori. L'amido è un complesso polimero naturale non ionico, costituito da due frazioni: un polimero lineare, l'amilosio, costituito da monomeri di D-glucosio uniti da legami C1-C4 e un polimero ramificato, l'amilopectina, che contiene gli stessi monomeri uniti anche da legami C1-C6 (Peres e Correa, 1996). La Fig. 4.4 mostra i loro effetti sulla galleggiabilità di ematite e quarzo. Il glucosio e il maltosio in alta concentrazione sono stati deprimenti per l'ematite, ma non hanno avuto alcun effetto sul quarzo. L'alta concentrazione era necessaria perché il glucosio e il maltosio sono altamente solubili in acqua e solo poche molecole potevano interagire con la superficie del minerale. Questi risultati indicano che l'azione flocculante è più importante dell'azione depressiva dell'amido sul quarzo rispetto alla modifica della superficie (Pavlovic e Brandao, 2003).

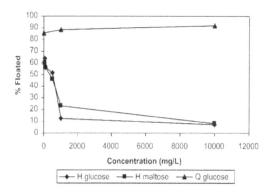

Fig. 4.4. Fluttuabilità dell'ematite (H) e del quarzo (Q) in funzione delle concentrazioni di monomeri e dimeri depressori.

Un fornitore di prodotti a base di mais ha sviluppato una specie di mais geneticamente modificato, il "mais ceroso", che presenta un contenuto di amilopectina del 96%, superiore al rapporto amilopectina/amilosio del 75/25% del normale mais giallo. I vantaggi dell'uso dell'amido di mais ceroso non sono stati osservati su scala industriale e il prodotto era anche piuttosto costoso (Araujo et al., 2005).

La richiesta di granella di mais da parte dell'industria degli snack, a un prezzo molto più alto di quello che l'industria mineraria poteva permettersi, ha spinto l'industria del mais a offrire un altro prodotto del segmento alimentare, localmente noto come "fuba", che è più fine della granella e presenta un maggiore contenuto di olio. I chicchi di mais vengono inizialmente degerminati. I chicchi degerminati vengono poi purificati, per eliminare il pericarpo o mallo, e macinati a secco in mulini a martelli, producendo frazioni di dimensioni diverse. Le frazioni più fini sono più ricche di olio, perché il germe e la porzione di endosperma vicino al germe sono più morbidi del resto del chicco. Alcuni piccoli fornitori a volte non trovano mercato per la frazione germinale e decidono di macinare l'intero chicco di mais. Il risultato è un amido con un contenuto di olio molto elevato, che può superare il 3% e che porta alla completa soppressione della schiuma nelle operazioni di flottazione (Araujo et al., 2005). Contenuti di olio superiori all'1,8% negli amidi rappresentano un rischio per la stabilità della schiuma.

Per quanto riguarda la solubilizzazione dell'amido di mais, esistono due possibilità: riscaldare la sospensione di amido in acqua a 56 °C o aggiungere NaOH. A causa dei pericoli derivanti dall'impiego di acqua calda in un concentratore, come nella prima operazione, tutte le aziende utilizzano attualmente la via della soda caustica. A causa dell'elevato costo del NaOH e delle frequenti fluttuazioni di prezzo, la via termica merita attenzione e potrebbe tornare a essere interessante. Il mais non è l'unica fonte naturale di amido. In molte aree tropicali dei Paesi, come il Brasile, un vegetale chiamato manioca, manioca o yuca, cresce in modo estensivo e quasi selvaggio. Il costo di produzione è inferiore rispetto al mais. La manioca è la terza fonte di carboidrati alimentari nei tropici, dopo il riso e il mais. Dalla manioca si può estrarre un amido di prima classe, con il vantaggio che il contenuto della frazione amidacea (amilopectina + amilosio) è più elevato, poiché i contenuti di proteine e olio sono bassi. Il minore contenuto di olio e la maggiore viscosità della soluzione gelatinizzata rispetto all'amido di mais sono caratteristiche importanti. Macinando la radice con la buccia interna, si ottiene un prodotto meno puro, lo "scarto di manioca". L'azione depressiva di questo prodotto più economico è comunque accettabile. La manioca ha attirato l'attenzione degli impiantisti per molti anni, ma i problemi commerciali ne hanno impedito un ampio utilizzo. Quando il prezzo della soia e del mais aumenta sul mercato internazionale, si smette di coltivare la manioca per coltivare le specie precedenti esportabili (Araujo et al., 2005).

Kar et al. (2013) hanno studiato l'azione depressiva comparata di quattro diversi tipi di amidi, ovvero amido solubile, amido di mais, amido di patata e amido di riso con caratteristiche diverse come depressori per l'ematite nella flottazione cationica utilizzando la dodecilammina come collettore. La tabella 4.1 mostra le proprietà fisico-chimiche dei diversi amidi.

Tabella 4.1. Proprietà fisico-chimiche di vari amidi.

Specie di amido	Gamma di dimensioni dei granuli	Dimensione media	Amilosio	Amilopectina	M.W.	Umidità	Grasso	Proteine
	(μm)	(μm)	(%)	(%)	(Da)	(%)	(%)	(%)
Rice (RS)	2-13	5.5	0	-	8.9×10^7	12	0.4	6.7
Mais(CS)	5-25	14.3	28	70	2.27×10^8	13	0.8	0.35
Patata (PS)	10-70	36	20	73	1.9×10^5	19	0.1	0.1
Solubile (SS	-	-	25	75	Basso M.W.	20	-	-

La Fig. 4.5 mostra i risultati della flottazione dell'ematite pura e del quarzo e i valori del ferro da minerali di basso grado come la quarzite ematitica a bande (BHQ) (55,54% Fe_2O_3 e 42,47 SiO_2) con quattro tipi di amidi.

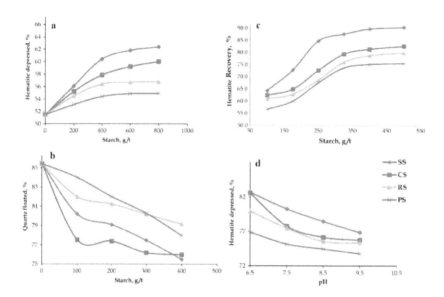

Fig. 4.5. La depressione e la flottazione dell'ematite pura (a) e del quarzo (b) e il recupero del Fe ottenuto dal BHQ (c) a diverse concentrazioni di amidi (pH 7,4, concentrazione di DDA 48 g/t.) La depressione dell'ematite (d) a diversi pH (concentrazione di DDA 48 g/t, concentrazione di amido 400 g/t)

Si osserva che tra tutti gli amidi, l'amido solubile è quello che agisce in modo più efficiente. Al variare del pH, la depressione dell'ematite è più o meno costante. Si osserva che, a un dosaggio costante di DDA, la flottabilità del quarzo rispetto a tutti gli amidi diminuisce con l'aumento della concentrazione di amido, poiché un uso eccessivo di amido destabilizza le sospensioni minerali. I risultati di studi di flottazione con minerali puri di ematite e quarzo e con un minerale di ferro di basso grado a diverse condizioni suggeriscono che tutti gli amidi sono buoni depressori per l'ematite (Kar et al., 2013).

In questo studio, l'adsorbimento di questi amidi sull'ematite è stato condotto a diversi valori di pH, da 3 a 11, aggiungendo una concentrazione uguale di amido (0,1 M). I risultati degli studi sono illustrati in Fig. 4.6. L'adsorbimento massimo di tutti e quattro gli amidi con l'ematite si verifica al valore di pH 5-9. L'adsorbimento dell'amido di mais e di patata è massimo, mentre l'amido solubile presenta un adsorbimento minimo. Il minore adsorbimento dell'amido solubile può essere dovuto alla maggiore dissociazione delle molecole di amido a tutti i valori di pH, mentre gli altri amidi sono relativamente meno dissociati. Durante gli esperimenti è stato anche osservato che l'amido solubile diventa facilmente solubile in acqua fredda, mentre gli altri amidi sono solubili solo in acqua calda. Sebbene le prestazioni di depressione dell'ematite possano essere ragionevolmente correlate con la quantità di amido adsorbito, non è stato possibile osservare una simile correlazione con la flotabilità del quarzo.

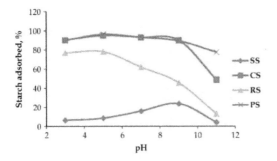

Fig. 4.6. L'adsorbimento di amido solubile, di patata, di mais e di riso sull'ematite a diversi valori di pH.

L'amido viene adsorbito sull'ematite attraverso la formazione di un complesso sulla superficie del minerale (Weissenborg et al., 1995). Khosla et al. (1984) hanno proposto che il meccanismo di adsorbimento dell'amido sulla superficie dell'ematite sia una complessazione chimica. Questa ipotesi è stata sostenuta da Liu e Laskowski (1989) durante i loro studi sull'adsorbimento della destrina su calcopirite-galenite, nonché dagli studi sull'adsorbimento dell'amido sull'ematite (Weissenborn et al., 1995) e sull'adsorbimento della destrina su galenite, magnetite e alcuni minerali di tipo salino (Raju et al., 1997).

Kar et al., (2013) hanno suggerito che il punto isoelettrico (IEP) dell'ematite si trova a pH 6,2. Il punto isoelettrico si sposta banalmente con l'aggiunta di amido di riso e solubile. Il punto isoelettrico si sposta banalmente con l'aggiunta di amido solubile e di amido di riso. Il PEI rimane a 6,0 e 6,1, rispettivamente. A causa dell'adsorbimento fisico sul campione di ematite, il valore del PEI passa a pH 7,10 e 6,8 con l'aggiunta di amido di mais e di patate, rispettivamente.

Tuttavia, l'adsorbimento dovuto all'amido solubile e all'amido di riso è considerato dovuto al chemisorbimento sulla superficie dell'ematite.

L'attività depressiva dell'amido sull'ematite è dovuta all'interazione dei gruppi ossidrilici dell'amido con il gruppo OH sulla superficie dell'ematite. La selettività degli atomi di ossigeno dipende dalla polarità che si basa anche sulla solubilità in acqua. Quindi la configurazione dell'amido, che influenza la solubilità, influisce sull'azione depressiva dell'ematite. Sulle molecole di amido sono disponibili quattro gruppi OH. Tuttavia, rispetto agli altri gruppi OH, i gruppi OH più vicini all'ossigeno eterociclico presente nell'amido sono più polarizzabili. La coppia di elettroni solitari sugli atomi di ossigeno presenti negli atomi di ossigeno polarizzabili interagirà con gli orbitali d liberi disponibili sugli atomi di Fe dell'ossido di ferro. Gli studi effettuati mediante FTIR, potenziale Zeta e adsorbimento hanno indicato una certa interazione tra tutte le molecole di amido e l'ematite. Sulla base di questi studi, l'interazione amido-ematite è mostrata nella Fig. 4.7 (Kar et al., 2013).

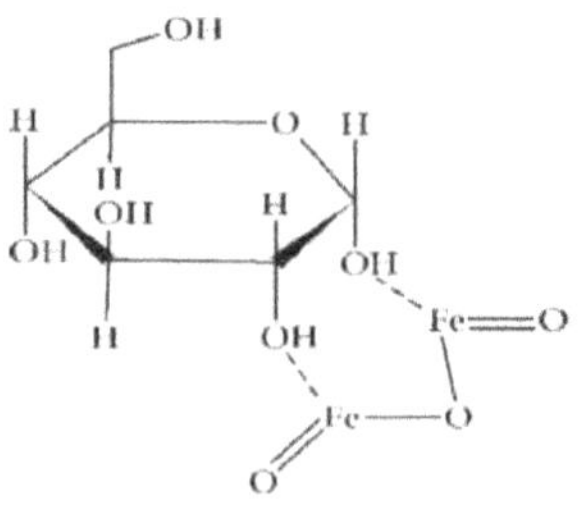

Fig. 4.7. Struttura dell'interazione ematite-amido

Sono state proposte diverse ipotesi sul meccanismo di adsorbimento dei polisaccaridi, principalmente il legame a idrogeno, le interazioni idrofobiche, la complessazione chimica e le interazioni acido/base.

Sulla base del piano basale e del piano di clivaggio degli ossidi di ferro, Ravishankar et al. (1995) hanno proposto l'interazione dell'amido con l'ossido di ferro. Somsook et al. (2005) hanno suggerito l'interazione tra ferro e polisaccaridi sulla base di diversi studi come TG-DTA, FTIR, EPR, NMR e TEM. Hanno indicato che l'adsorbimento dell'amido sulla superficie dell'ematite è dovuto alla disponibilità di maggiori concentrazioni di siti metallici idrossilati. Recentemente, Jain et al. (2012) hanno mostrato l'interazione basata sul grafico della densità elettronica che indica il trasferimento di carica tra l'atomo di Fe dell'ematite e l'atomo di ossigeno dell'amido.

Secondo Pavlovic e Brandao (2003), il legame ematite-amido dipende dalla distanza tra gli atomi di ferro sulla superficie del reticolo dell'ematite.

Tra i depressori provenienti da altre fonti, la carbossimetilcellulosa (CMC) si è affermata a livello mondiale come depressore di molti minerali, come talco, silicati di magnesio, dolomite e cromite. Tecnicamente, questo reagente è stato approvato come alternativa all'amido. Diversi programmi di test di laboratorio, con diversi minerali di ferro provenienti dal Quadrangolo dei minerali di ferro, sono già stati condotti con CMC di grado commerciale, con vari gradi di sostituzione e diversi pesi molecolari (Araujo et al., 2005). In generale, tutte le CMC testate hanno dato gradi di concentrato inferiori alla silice rispetto all'amido, ma i gradi di Fe degli sterili sono leggermente superiori per le CMC testate finora. La Fig. 4.8 presenta i risultati dei test di flottazione con tre diversi tipi di CMC.

Il dosaggio delle CMC deve essere almeno 5 volte inferiore a quello degli amidi per essere competitivo in termini di costi operativi. I dosaggi testati erano compresi tra 1/10 e 1/5 dell'amido. Alcune CMC hanno presentato risultati abbastanza buoni anche quando sono state utilizzate a 1/10 del dosaggio dell'amido (Araujo et al., 2005).

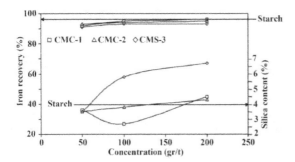

Fig. 4.8. Recupero del ferro e contenuto di silice nel concentrato in funzione del dosaggio per tre tipi di CMC (1 CMC leggermente cationica; 2 e 3 miscela di CMC anioniche con diversi gradi di sostituzione).

La sostituzione dell'amido con la CMC, valutata per la flottazione cationica inversa del minerale di ferro (Liu et al., 2006), ha mostrato che solo due polimeri (una carbossimetilcellulosa e una gomma di guar) hanno raggiunto le stesse prestazioni dell'amido. La prestazione preferenziale di questi reagenti è dovuta alla presenza dell'anello di glucopiranosio.

Turrer e peres (2010) hanno valutato l'applicazione di altri depressori, ampiamente utilizzati nei sistemi di flottazione di altri minerali. Sei carbossimetilcellulose, tre lignosolfonati (depressori della barite), una gomma di guar (depressore delle argille) e quattro campioni di acidi umici sono stati esaminati nella flottazione cationica inversa. È stata eseguita una serie di test di flottazione che fissano il dosaggio di ammina e il pH per valutare le prestazioni di questi depressori. I dosaggi dei depressori sono stati valutati a 6, 60, 180, 320 e 600 g/t. Le variabili di risposta erano il contenuto di silice nel concentrato e il recupero del ferro. La Fig. 4.9 mostra una compilazione dei risultati delle prove di flottazione in laboratorio. La maggior parte dei reagenti non è stata selettiva, agendo come depressori del quarzo e aumentando il contenuto di silice nel concentrato. Solo due polimeri (una carbossimetilcellulosa (CMC5) e la gomma di guar) hanno raggiunto le stesse prestazioni dell'amido e hanno prodotto concentrati con un contenuto di silice inferiore al 2,5%. Inoltre, solo questi depressori hanno consentito un recupero del ferro superiore al 40%. Questi depressori sono stati selezionati per eseguire ulteriori test per esaminare l'influenza del pH. La CMC5 ha raggiunto un livello di recupero soddisfacente solo a pH = 10,0. Tuttavia, la CMC5 ha prodotto contenuti di silice nel concentrato superiori a quelli ottenuti con l'amido di gomma di guar. La gomma di guar ha dato i risultati migliori a pH = 10,5. Ha permesso di ottenere un contenuto di silice nel concentrato vicino all'1,0% e un elevato recupero di ferro a dosaggi inferiori rispetto all'amido, 180 g/t. Il contenuto di silice più basso e il recupero di ferro più elevato sono stati ottenuti a qualsiasi pH testato e a dosaggi di amido superiori a 320 g/t. L'amido è il miglior depressore, ma anche la gomma di guar potrebbe portare a risultati soddisfacenti.

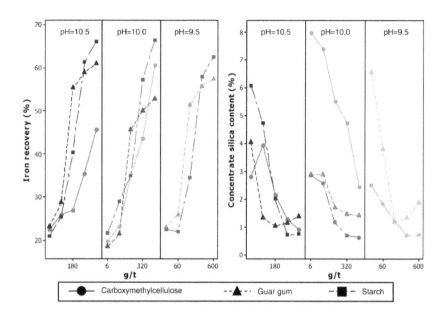

Fig. 4.9. Prestazioni di flottazione di amido, CMC5 e GG in diversi intervalli di pH

Un'altra opzione in fase di studio è l'uso di polimeri sintetici, utilizzati come flocculanti, in parziale sostituzione dell'amido (Turrer, 2003). Le poliacrilammidi anioniche, cationiche e non ioniche sono in fase di sperimentazione su scala di laboratorio. Il prezzo molto più elevato di questi reagenti può essere neutralizzato dal livello di aggiunta di gran lunga inferiore.

L'uso dell'acido umico al posto dell'amido per la depressione dell'ematite è stato proposto da Santos e Oliveira (2007). La flottazione inversa di miscele contenenti singoli minerali con il 75% di ematite e il 25% di quarzo provenienti da un giacimento in Brasile ha utilizzato la dodecilammina come collettore e l'acido umico come depressore per i supporti dell'ematite, ottenendo un concentrato contenente l'86% di ematite con un recupero del 90,7%.

Lima et al. (2013) hanno valutato con successo gli effetti dell'intervallo dimensionale delle particelle (-150 + 45 μm, frazione grossolana, -45 μm, frazione fine e -150 μm, frazione globale), dei dosaggi di amido e ammina, del livello di pH, sulle prestazioni della flottazione inversa di un minerale di ferro, con l'obiettivo di ottenere un grado di SiO_2 nel concentrato <1%. I test preliminari hanno indicato che per la frazione grossolana erano necessari dosaggi di ammina più elevati rispetto alle altre frazioni. Per spiegare i meccanismi di interazione dei reagenti è stato utilizzato il termine clatrato, che indica un composto molecolare in cui le molecole di una specie occupano gli spazi vuoti nel reticolo dell'altra specie, determinando la depressione dei minerali idrofobici. La Tabella 4.2 presenta i risultati degli effetti del dosaggio di ammina e del pH (al dosaggio di amido 500 g/t) sul recupero del ferro e sul contenuto di SiO2 nel concentrato per le tre frazioni dimensionali. La formazione di clatrati tra le molecole di ammina e amido può spiegare l'aumento del contenuto di SiO2 nei concentrati della frazione granulometrica (-150 + 45 μm) dovuto all'aumento del dosaggio di ammina, con conseguente depressione del quarzo. D'altra parte, nel caso delle frazioni -150 μm (globale) e -45 μm (fine) non è stato osservato alcun aumento del contenuto di SiO2 nel concentrato. Questo effetto è stato osservato solo nel caso della frazione grossolana, che necessita di dosaggi più elevati di ammina a causa della necessità di raggiungere un livello di idrofobicità ideale per mantenere le particelle aderenti alla bolla. Oliveira (2006) ha affermato che è diffuso nella letteratura tecnica il concetto che il rapido e sproporzionato consumo di collettore da parte delle particelle fini, dovuto alla loro maggiore area superficiale specifica, causa una minore copertura idrofobica sulla superficie delle particelle più grossolane, diminuendo la galleggiabilità di queste ultime. Questo concetto si basa originariamente sulle indagini di Robinson (1975), nel sistema quarzo-dodecilammina, e di Glembotsky (1968), nel sistema pirite-xantato. In entrambi i sistemi erano necessari dosaggi più elevati di reagenti per far galleggiare le particelle più grandi.

Il dosaggio di ammina di 250 g/t SiO2 è suggerito come valore soglia per l'interazione ammina-amido. L'analisi dell'ammina residua ha indicato la presenza di questo reagente nel concentrato solo per la frazione grossolana al dosaggio di 250 g/t SiO_2, il che rafforza l'interazione tra ammina e molecole di amido che causa la depressione delle particelle di quarzo.

L'aumento del dosaggio di amido da 500 g/t a 1000 g/t ha causato solo un leggero aumento del contenuto di SiO2 nel concentrato. Come proposto da Cleverdon e Somasundaran (1985), per i dosaggi di amido di 500 g/t e 1000 g/t, non tutte le molecole sono state adsorbite sulla superficie del minerale, mentre il resto era libero in soluzione e pronto a interagire con le molecole di ammina. Si suggerisce che l'aumento del dosaggio di ammina sia più importante per la formazione di clatrati rispetto all'aumento del dosaggio di amido.

Tabella 4.2. Effetto del dosaggio di ammina e del pH (amido 500 e 1000g/t).

Frazione (μm)	Amina (g/tSiO)$_5$	pH ■	SiO2 nel concentrato (%) 500 (gr/t)	SiO2 nel concentrato (%) 1000 (gr/t)
150 (globale)	60	9.5	1.04	1.17
	100	9.5	0.70	0.67
	60	10.7	1.62	1.35
	100	10.7	0.92	1.00
150 + 45 (grossolano)	150	9.5	1.18	1.17
	250	9.5	3.81	4.70
	150	10.7	0.77	0.64
	250	10.7	1.16	1.90
	120	9.5	5.73	4.95

45 (fine)	200	9.5	1.33	0.86
	120	10.7	2.30	2.39
	200	10.7	0.67	0.63

Capitolo 5

Conclusioni e raccomandazioni

5.1. Conclusioni e studi futuri

Il trattamento dei minerali di ossido di ferro mediante flottazione è una procedura complessa. L'obiettivo di questa rassegna è stato quello di mostrare e identificare gli effetti delle diverse condizioni operative sulla flottazione degli ossidi di ferro (cationici e anionici). La scelta di un metodo di flottazione adatto dipende fortemente dai gruppi che accompagnano l'ossido di ferro. In questo lavoro sono stati analizzati i tipi e le concentrazioni di collettori e depressori, il pH, la forza ionica e il meccanismo fondamentale dell'interazione reagenti-minerali. In base ai risultati evidenziati da questa rassegna, si possono fare le seguenti osservazioni generali:

• La massima flottazione dell'ematite utilizzando collettori anionici come l'oleato di sodio si verifica nella regione di pH neutro, mentre l'adsorbimento dell'oleato sull'ematite aumenta con la diminuzione del pH. Ciò è attribuito alla formazione del complesso acido-sapone in questa regione di pH e alla sua elevata attività superficiale.

• Sebbene la flottazione anionica diretta sia stata la prima via di flottazione utilizzata nell'industria del minerale di ferro, la via di flottazione più comunemente impiegata per la valorizzazione dei minerali di ferro è la flottazione cationica inversa. La flottazione anionica inversa scarta il quarzo attivandolo prima con la calce e poi facendolo galleggiare utilizzando acidi grassi come collettori. La ricerca ha confermato che la flottazione cationica inversa è più sensibile alla deslimazione dell'alimentazione di flottazione, mentre la via anionica è più sensibile alla composizione ionica della pasta. Chiaramente, la flottazione del quarzo nella flottazione cationica inversa è significativamente più veloce di quella anionica inversa. Nella flottazione anionica inversa, anche dopo un tempo di flottazione prolungato, una piccola porzione di quarzo rimane non flottata.

• Utilizzando monoammine o diammine etere primarie con catene idrocarburiche di lunghezza compresa tra 10 e 16 atomi di carbonio, o miscele di due ammine etere, viene condotta principalmente la flottazione dei silicati dai minerali di ferro. Il comportamento di flottazione di minerali ossidi come la silice ha mostrato che l'etere diammina ha un potere di raccolta maggiore rispetto all'etere monoammina.

• L'amido di mais gelatinizzato viene spesso utilizzato come depressore per gli ossidi di ferro. Le molecole di amido deprimono sia l'ossido di ferro che le particelle di silice, ma a causa delle grandi dimensioni dei radicali e dell'elevata elettro-negatività, le ammine vengono ionizzate in acqua e reagiscono con le particelle di silice preferibilmente a pH leggermente alcalino. Diversi studi hanno confermato che la carbossimetilcellulosa (CMC) e la gomma di guar raggiungono le stesse prestazioni dei concentrati ottenuti dall'amido. Il contenuto di olio dell'amido è una delle principali preoccupazioni a causa della sua azione di inibizione della schiuma.

- Sulla base di studi recenti, la flottazione di minerali di ferro con miscele di tensioattivi (combinazione di monoammine con diammine e parziale sostituzione delle ammine con olio combustibile) ha mostrato risultati superiori rispetto al singolo tensioattivo, in modo da facilitare la rimozione dei silicati (compresi quelli contenenti ferro) durante la flottazione cationica inversa.

- Studi più recenti sull'uso di nuovi collettori come il tensioattivo Gemini (etano-1, 2-bis (dimetil-dodecil-ammonio bromuro EBAB), l'M-302 (un nuovo tensioattivo ammonico quaternario contenente legami esterici e code di idrocarburi) e i liquidi ionici (IL) a base di ammonio quaternario hanno indicato che questi sono abbastanza promettenti per produrre un concentrato adeguato con la flottazione cationica inversa del quarzo rispetto ai collettori convenzionali. I risultati della flottazione hanno mostrato che l'EBAB ha presentato un potere di raccolta maggiore rispetto al tensioattivo monomerico convenzionale cloruro di dodecilammonio (DAC) e una selettività superiore per il quarzo rispetto alla magnetite. Allo stesso modo, i collettori M-302 e IL mostrano una migliore efficienza di raccolta a dosaggi inferiori rispetto a quelli convenzionali.

- Sono ancora necessarie ulteriori indagini che considerino gli effetti del tipo di depressore, gli effetti degli ioni disciolti, l'uso di collettori misti, il potenziamento della forza dei collettori mediante effetti sinergici di altri collettori e la comprensione dei fenomeni di flottazione dell'ossido di ferro.

Riferimenti

Abdel-Khalek, N.A., Yehia, A., Ibrahim, S.S., 1994. Beneficio del feldspato egiziano per applicazioni nell'industria del vetro e della ceramica, Miner. Eng., 7, 1193-1201.

Abdel-Khalek, N.A., Yassin, K.E., Selim, K.A., Rao, K.H., Kandel, A.H., 2012. Effetto del tipo di amido sulla selettività della flottazione cationica del minerale di ferro. Mineral Processing and Extractive Metallurgy 121, 98-102.

Ananthapadmanabhan, K.P., Somasundaran, P., 1988. Formazione di acido-sapone in soluzioni acquose di oleato. Colloid Interface Sci. 122, 104.

Ananthapadmanabhan, K.P., Somasundaran, P., 1980. Chimica dell'oleato e flottazione dell'ematite. In: Yarar B e Spottiswood DJ (eds) Interfacial Phenomena in Mineral Processing, p. 207, New York: Engineering Foundation.

Araujo, A.C., Souza, C.C., 1997. Sostituzione parziale dell'ammina nella flottazione a colonna inversa di minerali di ferro: 1-Studi su impianti pilota. In: Atti della 70a Riunione Annuale della Sezione Minnesota del PMI e del 58° Simposio Minerario Annuale dell'Università del Minnesota, Duluth, Minnesota, 111-122.

Araujo, A.C. Viana, P.R.M., Peres, A.E.C., 2005. Reagenti nella flottazione dei minerali di ferro, Miner. Eng. 18, 219-224.

Atkin, R. Craig, V.S.J., Wanless, E.J. Biggs, S., 2003. Meccanismo di adsorbimento dei tensioattivi cationici all'interfaccia solido-acquoso, Adv. Colloid Interface Sci. 103, 219-304.

Beklioglu, B., Arol, A.I., 2004. Comportamento di flocculazione selettiva di cromite e serpentino. Phsiochemical Problems of Mineral Processing 38, 103-112.

Bertuzzi, M.A., Armada, M., Gottifredi, J.C., 2007. Caratterizzazione fisico-chimica di film a base di amido. J. Food Eng. 82, 17-25.

Beunen, J.A., Mitchell, D.J., White, L.R., 1978. Tensione superficiale minima in sistemi di tensioattivi ionici. J. Chem. Soc., Faraday Trans. 74, 2501- 2517.

Broome, F.K., Hoerr, C.W., Harwood, H.J., 1951. I sistemi binari di acqua con cloruro di dodecilammonio e il suo N-metilderivato. J. Am. Chem. Soc. 73, 33503352.

Bulatovic, S.M., 2007. Manuale dei reagenti di flottazione: Chimica, teoria e pratica. Amsterdam: Elsevier, risorsa Internet.

Chatterjee, A., De, A., Gupta, S. S., 1993. Monografia sulla produzione di sinterizzazione presso

TATA Steel. Tata Steel, pag. 164.

Chen, Z.M., Sasaki, H., Usui, S., 1991. Flottazione cationica di ematite fine con bromuro di dodeciltrimetilammonio (DTAB), Metall. Rev. MMIJ 8 (1), 35-45.

Chen, L. Xie, H. Li, Y. Yu, W. 2008. Applicazioni del tensioattivo cationico Gemini nella preparazione di nanofluidi contenenti nanotubi di carbonio a parete multipla, Colloids Surf. A 330 (23), 176-179.

Cleverdon, J., Somasundaran, P., 1985. Uno studio dell'interazione polimero/surfattante all'interfaccia minerale/soluzione.Miner.Metall. Process. 2, 231.

Crabtree, E.H., Vincent, J. D., 1962. Historical outline of major flotation developments. in froth flotation. 50th Anniversario, Ed. D.W. Fuerstenau. New York: American Institute of Mining, Metallurgical and Petroleum Engineering Inc.

Cristoveanu, I.E., Meech, J.A., 1985. Flottazione di ematite con vettore. CIM Bull. 78, 3542.

Darling, P., 2011. Manuale di ingegneria mineraria PMI. Terza edizione, *PMI*

David, D., Larson, M., Li, M., 2011. Ottimizzazione della progettazione del circuito della magnetite in Australia occidentale. Atti del convegno Metallurgical Plant Design and Operating Strategies, Perth. De Castro, F.H.B., Borrego, A.G., 1995. Modifica della tensione superficiale in soluzioni acquose di oleato di sodio in funzione della temperatura e del pH del bagno di flottazione. J. Colloid Interface Sci. 173, 8-15

Devinsky, F. Lacko, I. Bittererova, F. Tomec[v] kova, L., 1986. Relazione tra la struttura, l'attività superficiale e la formazione di micelle di alcuni nuovi isoteri bisquaternari di 1,5-pentanediammonio dibromuro, J. Colloid Interface Sci. 114, 314-322.

Dogu, I., Arol, A.I., 2004. Separazione di minerali di colore scuro dal feldspato mediante flocculazione selettiva con amido. Powder Technol. 139, 258-263.

Ferreiraa, A.R., Nevesa, L.A., Ribeiroc, J.C., Lopesc, F.M., Coutinhob, J.A.P., Coelhosoa, I.M., Crespoa, J.G., 2014. Rimozione di tioli da flussi di jet-fuel modello assistita da estrazione con membrana di liquido ionico, Chem. Eng. J. 256, 144-154.

Filippov, L.O., Filippova, I.V., Severov, V.V., 2010. L'uso di una miscela di collettori nella flottazione cationica inversa di minerali di magnetite: il ruolo dei silicati contenenti Fe, Miner. Eng. 23, 91-98.

Filippov, L.O., Severov, V.V., Filippova, I.V., 2014. An overview of the beneficiation of iron ores via reverse cationic flotation, International Journal of Mineral Processing 127, 62-69.

Fuerstenau, D.W., Gaudin, A.M., Miaw, H.L., 1958. Rivestimenti di melma di ossido di ferro nella flottazione. Trans. AIME. 211, 792-795.

Fuerstenau, D. W., Healy, T. W., Somasundaran, P., 1964. Il ruolo della catena idrocarburica dei collettori alchilici nella flottazione. Transactions of SME-AIME, 229, 321-325.

Fuerstenau, D.W., Pradip, 1984. Flottazione minerale con collettori idrossamati. In: Jones, M.J., Oblatt, R. (Eds.), Reagent in the Mineral Industry. Institution of Mining and Metallurgy, GB, 161-168.

Fuerstenau, M.C., Martin, C.C., Bhappu, R.B., 1963. Il ruolo dell'idrolisi nella flottazione del quarzo con solfonati. Trans. AIME 226:449.

Fuerstenau, M.C. e D.A. Elgillani. 1966. Attivazione del calcio nella flottazione con solfonato e oleato del quarzo. Trans. AIME 235, 405.

Fuerstenau, M.C., Cummins, W.F., 1967. Ruolo dei complessi acquosi basici nella flottazione anionica del quarzo. Trans. AIME 238.196.

Fuerstenau, M.C., Harper, R.W., Miller, J.D., 1970. Flottazione di ossido di ferro da parte di idrossammati e acidi grassi. Trans. AIME 247, 69-73.

Fuerstenau, M.C., Palmer, R.B., 1976. Flottazione anionica di ossidi e silicati, Flotation- AM Gaudin Memorial Volume, 148-196.

Fuerstenau, M.C., Jameson, J., Yoon, R., 2007. Flottazione con schiuma: Un secolo di innovazione. *PMI*.

Gaieda, M.E., Gallalab, W., 2015. Beneficio del minerale di feldspato per l'applicazione nell'industria ceramica: Influenza della composizione sulle caratteristiche fisiche, Arabian Journal of Chemistry, 8(2), 186-190.

Glembotsky, V.A., 1968. Studio del condizionamento separato di sabbie e limi con reagenti prima della flottazione congiunta. In: Proc. International Mineral Processing Congress, 8, Paper S-16, Leningrado.

Goracci, L., Germani, R., Rathman, J.F., Savelli, G., 2007. Comportamento anomalo dei tensioattivi a base di ossido di ammina all'interfaccia aria/acqua. Langmuir 23, 10525-10532.

Gupta, A., Yan, D., 2006. Progettazione e funzionamento del trattamento minerario: Un'introduzione. Elsevier Science Ltd., Amsterdam.

Hai-pu, L., Sha-sha, Z., Hao, J., Bin, L., 2010. Effetto degli amidi modificati sulla depressione delle diaspore. Transaction of Nonferrous Metallurgical Society of China 20, 1494 - 1499. Han, K.N., Healy, T.W., Fuerstenau, D.W., 1973. Il meccanismo di adsorbimento degli acidi grassi e di altri tensioattivi all'interfaccia ossido-acqua. J. Colloid Interface Sci. 44, 407414.

Hogg, R., 1999. Adsorbimento e flocculazione dei polimeri. In: Laskowski, J.S. (Ed.), Polymers in Minerals Processing. Montreal, pp. 3-17.

Houot, R., 1983. Beneficio del minerale di ferro mediante flottazione; rassegna delle applicazioni industriali e potenziali. Int. J. Miner. Process. 10, 183-204.

Huang, Z.Q. Zhong, H. Wang, S. Xia, L.Y., Zhao, G., Liu, G.Y., 2014. Tensioattivo trisilossanico Gemini: sintesi e flottazione di minerali alluminosilicati, Miner. Eng. 56, 145-154.

Huang, Z.Q., Zhong, H., Wang, S., Xia, L.Y., Zhao, G., Liu, G.Y., 2014. Investigations on reverse cationic flotation of iron ore by using a Gemini surfactant: Ethane-1, 2-bis (dimethyl-dodecyl-ammonium bromide), Chemical Engineering Journal 257, 218-228 Iwasaki, I., Lai, R.W., 1965. Amidi e prodotti dell'amido come depressori nella flottazione del sapone di silice attivata da minerali di ferro. Trans. Am. Inst. Min. Metall. Pet. Ing. 232, 364-371

Iwasaki, I., 1983. Flottazione dei minerali di ferro, teoria e pratica. Min. Eng. 35, 622-631.

lwasaki, I., 1989. Un ponte tra teoria e pratica nella flottazione dei minerali di ferro. Pagina 177 in Advances in Coal and Mineral Processing Using Flotation. A cura di S. Chander e R.R. Klimpel. Littleton, CO: SME.

lwasaki, I., 1999. Flottazione dei minerali di ferro: Prospettiva storica e prospettive future. Atti del simposio Advances in Flotation Technology, riunione annuale del PMI, Denver, CO, 1-3 marzo, p. 231.

Jain, V., Rai, B., Waghmare, U.V., Pradip, 2012. Selezione e progettazione di reagenti selettivi basati sulla modellazione molecolare per il trattamento di scorie di minerale di ferro ricche di allumina. In: Proceedings XXVI International Mineral Processing Congress, New Delhi, India, 2258-2269.

Jung, R.F., James, R.O., Healy, T.W., 1988. Un modello di equilibrio multiplo dell'adsorbimento di specie acquose di oleato all'interfaccia goethite-acqua. Colloid Interface Sci. 122, 544.

Kar B., Sahoo, H., Rath S., Das, B., 2013. Studi su diversi amidi come depressori per la flottazione dei minerali di ferro, Minerals Engineering 49, 1-6.

Khosla, N.K., Bhagat, R.P., Gandhi, K.S., Biswas, A.K., 1984. Studi calorimetrici e di interazione sui sistemi di adsorbimento minerale-amido. Colloids Surf. 8, 321-336.

Kulkarni, R.D., Somasundaran, P., 1975. Cinetica dell'adsorbimento dell'oleato all'interfaccia liquido/aria e suo ruolo nella flottazione dell'ematite. In: Somasundaran, P., Grieves, R.B. (Eds.),

Advances in Interfacial Phenomena of Particulate/Solution/Gas Systems: Applicazioni alla ricerca sulla flottazione. AIChE, USA, pp. 124-133.

Kulkarni, R.D., Somasundaran, P., 1980. Chimica di flottazione del sistema ematite/oleato. Colloids Surf. 1, 387-405.

Laskowski, J.S., Vurdela, R.M., Liu, Q., 1988. La chimica colloidale della flottazione con collettori elettrolitici deboli. Atti del XVI Congresso Internazionale di Trattamento dei Minerali, pag. 703.

Lia, J., Zhoua, Y., Maoa, D., Chena, G., Wanga, X., Yanga, X., Wang, M., Peng, L., Wang, J., 2014. Catalizzatore di copolimero mesoporoso funzionalizzato con liquido ionico a base di eteropolianioni per la benzilazione Friedel-Crafts di arene con alcol benzilico, Chem. Eng. J. 254, 54-62.

Lima, N.P., Valadão, G.E.S., Peres, A.E.C., 2013. Effetto dei dosaggi di amina e amido sulla flottazione cationica inversa di un minerale di ferro. Miner. Eng. 45, 180-184.

Liu Wen-gang, Wei De-zhou, Cui Bao-yu, 2011. Prestazioni di raccolta della N-dodeciletilene-diammina e suo meccanismo di adsorbimento sulla superficie minerale, Trans. Nonferrous Met. Soc. China 21, 1155-1160.

Liu Wen-gang, Weidezhou, Wang Benying, Fang Ping, Wang Xiaohui, Cui Baoyu, 2009. Un nuovo collettore utilizzato per la flottazione dei minerali ossidi. Trans. Nonferrous Met. Soc. China 19, 1326-1330.

Liu, Q., Laskowski, J.S., 1989. Il ruolo degli idrossidi metallici sulle superfici minerali nell'adsorbimento della destrina. II: separazioni calcopirite-galena in presenza di destrina. Int. J. Miner. Process. 27, 147-155.

Liu, Q., Wannas, D., Peng, Y., 2006. Sfruttare la doppia funzione dei polimeri depressori nella flottazione delle particelle fini. International Journal of Mineral Processing 80, 244-254.

Liu-yin, X., Zhong, H., Guang-yi, L., Shuai, W., 2009. Utilizzo dell'amido solubile come depressore per la flottazione inversa delle diaspore dalla caolinite. Ingegneria dei minerali 22 (6), 560-565.

Liu-yin, X., Zhong, H., Guangyi, 2010. Tecniche di flottazione per la separazione delle diaspore dalla bauxite utilizzando il collettore Gemini e il depressore dell'amido. Transactions of Non-ferrous Metal Society of China 20, 495-501.

Ma, X., Marques, M., Gontijo, C., 2011. Studi comparativi sulla flottazione inversa cationica/anionica del minerale di ferro Vale. Int. J. Miner. Process. 100 (1-2), 179-183.

Ma, X., 2008. Ruolo dell'energia di solvatazione nell'adsorbimento di amido su superfici di ossido. Colloids Surf, 320, 36-42.

Ma, M. 2012. Froth Flotation of Iron Ores, International Journal of Mining Engineering and Mineral Processing; 1(2): 56-61.

Ma, X., Marques, M., Gontijo, C., 2011. Studi comparativi sulla flottazione inversa cationica/anionica del minerale di ferro Vale. Int. J. Miner. Process. 100 (1 -2), 179-183.

Marinakis, K.I. e Shergold, H.L., 1985. Influenza dell'aggiunta di silicato di sodio sull'adsorbimento dell'acido oleico da parte di fluorite, calcite e barite. Int. J. Miner. Process. 14:177193.

Ma, X., Davey, K., Giyose, A., Malysiak, V., 2009. Miglioramento dei residui di minerale di ferro Sishen mediante flottazione cationica inversa. Australasian Institute of Mining and Metallurgy, Perth.

Ma, X., Bruckard, W.J., Holmes, R., 2009. Effetto del collettore, del pH e della forza ionica sulla flottazione cationica della caolinite. International Journal of Mineral Processing 93, 5458.

Ma, X., 2010. Ruolo dei cationi metallici idrolizzabili nelle interazioni amido-kaolinite. International Journal of Mineral Processing 97, 100-103.

Ma, X., 2011a. Miglioramento della flocculazione dell'ematite nel sistema ematite-amido (a basso peso molecolare)-poli (acido acrilico). Industrial & Engineering Chemistry Research 50, 11950-11953.

Ma, X., 2011b. Effetto di un acido poliacrilico a basso peso molecolare sulla coagulazione di particelle di caolinite. International Journal of Mineral Processing 99, 17-20.

Meech, J.A., 1981. Fattibilità del recupero del ferro dal materiale di coda di Mount Wright. Bollettino CIM. 74, 115-119.

Menger, F.M., Littau, C.A., 1991. Tensioattivi Gemini: sintesi e proprietà, J. Am. Chem. Soc. 113 (1991) 1451-1452.

Montes-Sotomayor, S., Houot, R., Kongolo, M., 1998. Flottazione di minerali di ferro silicizzati: meccanismo ed effetto dell'amido. Ingegneria dei minerali 11 (1), 71-76.

Morgan, L.J. 1986. Adsorbimento di oleato su ematite: Problemi e metodi. Int. J. Miner. Process. 18:139

Mowla, D., Karimi, G., Ostadnezhad, K., 2008. Rimozione di ematite da minerali di sabbia silicea mediante tecnica di flottazione inversa. Tecnologia di separazione e purificazione 58, 419423.

Napier-Munn, T., Wills, B.A., 2006. Tecnologia di trattamento dei minerali di Wills, settima edizione: Un'introduzione agli aspetti pratici del trattamento dei minerali e del loro recupero. Butterworth-Heinemann, New York.

Neves, C.M.S.S., Lemusb, J., Freirea, M.G., Palomarb, J., Coutinhoa, J.A.P., 2014. Potenziamento dell'adsorbimento di liquidi ionici su carbone attivo mediante l'aggiunta di sali inorganici, Chem. Eng. J. 252, 305-310.

Norman, H., 1986. Reagenti di flottazione di tipo solfonato, in (D. Malhotra e W. Friggs Eds.) Chemical Reagents in the Mineral Processing Industry, SME Inc, Littleton, Colorado.

Nummela, W., Iwasaki, I., 1986. Flottazione dei minerali di ferro. In: Somasundaran, P. (a cura di), Advances in Mineral Processing: A Half-century of Progress in Application of Theory to Practice. SME, Littleton, pp. 308-342.

Oliveira, J.F., 2006. Settore minerario: Tendenze tecnologiche. Centro de Tecnologia Mineral - CETEM (in portoghese).

Palmer, B.R., Fuerstenau, M.C., Apian, F.F., 1975. Meccanismi coinvolti nella flottazione di ossidi e silicati con collettori anionici: Parte 2. Trans AIME, 258:261.

Papini, R.M., Brandao, P.R.G., Peres, A.E.C., 2001. Flottazione cationica di minerali di ferro: caratterizzazione delle ammine e prestazioni, Miner. Metall. Process. 17 (2), 1-5.

Pavlovic, S., Brandao, P.R.G., 2003. Adsorbimento di amido, amilosio, amilopectina e glucosio monomero e loro effetto sulla flottazione di ematite e quarzo. Ingegneria dei minerali 16 (11), 1117-1122.

Peck, A.S., Raby, L.H., Wadsworth, M.E., 1966. Studio all'infrarosso della flottazione dell'ematite con acido oleico e oleato di sodio. Trans. AIME 238:301.

Pereira, S.R.N., 2003. L'uso di oli non polari nella flottazione cationica inversa di un minerale di ferro. Progetto di tesi di laurea, CPGEM-UFMG, pag. 253 (in portoghese).

Peres, A.E.C., Correa, M.I., 1996. Depressione degli ossidi di ferro con amidi di mais. Ingegneria dei minerali 9 (12), 1227-1234.

Pinto, C.A.F., Yarar, B., Araujo, A.C., 1991. Cinetica di flottazione dell'apatite con collettori convenzionali e nuovi, Preprint 91-80, SME Annual Meeting, Denver, Colorado, 25-28 febbraio.

Pope, M.I., Sutton, D., 1973. Correlazione tra la risposta alla flottazione della schiuma e l'adsorbimento del collettore dalla soluzione acquosa. I. Biossido di titanio e ossido ferrico condizionati in soluzioni di oleato. Powder Technol. 7, 271.

Pradip, 2006. Lavorazione di minerali di ferro indiani ricchi di allumina. International Journal of Minerals, Metals and Materials Engineering 59 (5), 551 -568.

Pindred, A., Meech, J.A., 1984. Fenomeni interparticellari nella flottazione di fini di ematite. Int. J. Miner. Process. 12, 193-212.

Pradip, Ravishankar, S.A., Sankar, T.A.P., Khosla, N.K., 1993. Studi di miglioramento su scorie di minerali di ferro indiani ricchi di allumina utilizzando disperdenti selettivi, flocculanti e collettori di flottazione. Atti del XVIII Congresso Internazionale di Trattamento dei Minerali. Australasian Institute of Mining and Metallurgy, Melbourne, 1289-1294.

Raghavan, S., Fuerstenau, D.W., 1975. L'adsorbimento di ottilidrossamte acquoso su ossido ferrico. J. Colloid Interface Sci. 50, 319-330.

Raju, G.B., Holmgren, A., Forsling, W., 1997. Adsorbimento di destrina all'interfaccia minerale/acqua.

J. Colloid Interface Sci. 193, 215-222.

Rao, S., 2004. Chimica di superficie della flottazione a schiuma. Seconda edizione. New York: Kluwer Academic/Plenum Publishers.

Ravishankar, S.A., Pradip, Khosla, N.K., 1995. Flocculazione selettiva dell'ossido di ferro dalle sue miscele sintetiche con argille: un confronto tra l'acido plyacrilico e i suoi polimeri di amido. International Journal of Mineral Processing 43, 235-247.

Robinson, A.J., 1975. Relazione tra dimensione delle particelle e concentrazione dei collettori. Transactions of the Institution of Mining and Metallurgy 69, 45-62.

Sahoo, H., Sinha, N., Rath, S., Das B., 2015. Liquidi ionici come nuovi collettori di quarzo: Insights from experiments and theory, Chemical Engineering Journal 273, 46-54.

Santos, I.D., Oliveira, J.F., 2007. Utilizzo dell'acido umico come depressore dell'ematite nella flottazione inversa del minerale di ferro. Miner. Eng. 20, 1003-1007.

Schulz, N.F., Cooke, S.R.B., 1953. Flottazione di minerali di ferro: adsorbimento di prodotti di amido e acetato di laurilammina. Industrial and Engineering Chemistry 45, 2767-2772. Shen, H., Huang, X., 2005. Una revisione dello sviluppo della lavorazione del minerale di ferro dal 2000 al 2004. Min. Met. Eng. 25, 26-30 (in cinese).

Smith, R.W. Haddenham, R. Schroeder, C., 1973 Tensioattivi anfoteri come collettori di flottazione, Trans. AIME 254, 231-235.

Somsook, E., Hinsin, D., Buakhrong, P., Teanchai, R., Mophan, N., Pohmakotor, M., Somasundaran, P., 1969. Adsorbimento di amido e oleato e interazione tra loro su calcite in soluzioni acquose. Journal of Colloid and Interface Science 31 (4), 557565.

Somasundaran, P. Fuerstenau, D.W. 1966. Meccanismi di adsorbimento di alchil-solfonati all'interfaccia alluminla-acqua, J. Phys. Chem. 70, 90-96.

Somasundaran, P., Ananthapadmanabhan, K.P., 1979. La chimica della soluzione dei tensioattivi e il suo ruolo nell'adsorbimento e nella flottazione della schiuma in sistemi minerali-acqua. Atti, Solution Chemistry Surfactants, 52th Colloid and Surface Science Symposium, p. 777.

Ping, S., 2002. Pratica di trasformazione per il miglioramento del ferro e la riduzione del silicio nel concentratore GongChangLing della Anshan Steel Company (in cinese). Metal Mine 2, 41-44.

Svoboda, J., 1987. Metodi magnetici per il trattamento dei minerali. In: Fuerstenau, D.W. (a cura di), Developments in Mineral Processing, vol. 8. Elsevier, Amsterdam, Paesi Bassi, pag. 712.

Svoboda, J., 2001. Una descrizione realistica del processo di separazione magnetica ad alto gradiente. Minatore. Eng. 14 (11), 1493-1503.

Theander, K., Pugh, R.J., 2001. L'influenza del pH e della temperatura sull'equilibrio e sulla tensione superficiale dinamica di soluzioni acquose di oleato di sodio. J. Colloid Interface Sci. 239, 209-216.

Thella, J.S., Mukherjee, A.K., Srikakulapu, N.G., 2012. Trattamento di scorie di minerale di ferro ad alto tenore di allumina mediante classificazione e flottazione, Powder Technol. 217, 418- 426.

Turrer, H.D.G., 2003. Studio sull'utilizzo di flocculanti sintetici nella flottazione cationica inversa di un minerale di ferro. Progetto di tesi M.Sc., CPGEM-UFMG, pag. 44 (in portoghese).

Turrer, H.D.G., Peres, A.E.C., 2010. Indagine su depressori alternativi per la flottazione dei minerali di ferro. Miner. Eng. 23, 1066-1069.

Usui, S., 1972. Eterocoagulazione. In: Danielli, J.F., Rosenberg, M.D., Cadenhead, D.A. (Eds.), Progress in Surface and Membrane Science, Volume 5. Academic Press, New York, 223-266.

Uwadiale, G.G.O.O., 1992. Flottazione di ossidi di ferro e quarzo; una rassegna. Miner.

Processo. Extr. Metall. Rev. 11, 129

Viana, P.R.M., Souza, H.S., 1988. Uso della granella di mais come depressore per la flottazione del quarzo in un minerale di ematite. In: Castro, S.H.F., Alvarez, J.M. (Eds.), Proceedings of the 2nd Latin-American Congress on Froth Flotation, 1985, Developments in Mineral Processing 9. 233-244.

Vidyadhar, A., Hanumantha Rao, K., Chernyshova, I.V., Pradip, Forssberg, K.S.E., 2002, Meccanismi di interazione ammina-quarzo in assenza e presenza di alcoli studiati con metodi spettroscopici. Journal of Colloid and Interface Science 256, 59-72. Vidyadhar, A., Kumari, N., Bhagat, R.P., 2012. Meccanismo di adsorbimento di sistemi di collettori misti nella flottazione dell'ematite. Ingegneria dei minerali 26, 102-104.

Vieira, A.M., Peres, A.E.C., 2007. L'effetto del tipo di ammina, del pH e dell'intervallo di dimensioni nella flottazione del quarzo. Miner. Eng. 20, 1008-1013.

Wang, C.J., Jiang, X.H., Zhou, L.M., Xia, G.Q., Chen, Z.J., Duan, M., Jiang, X.M., 2013. La preparazione di organo-bentonite con un nuovo Gemini e i suoi tensioattivi monomeri e l'applicazione nella rimozione di MO: uno studio comparativo, Chem. Eng. J. 219, 469-477.

Wang, H., 2003. Miglioramento della flottazione e della filtrabilità della melma di carbone fine mediante flocculazione selettiva. Journal of Mining Science 39 (4), 410-414.

Wang, Y.H., Ren, J.W., 2005. La flottazione del quarzo da minerali di ferro con un sale di ammonio quaternario combinato. Int. J. Miner. Process. 77, 116-122.

Wei, J., Huang, G.H., Yu, H. An, C.J., 2011. Efficienza di micelle singole e miste Gemini/convenzionali sulla solubilizzazione del fenantrene, Chem. Eng. J. 168, 201-207. Weissenborn, P.K., Warren, L.J., Dunn, J.G., 1995. Flocculazione selettiva di minerali di ferro ultrafini. 1. Meccanismo di adsorbimento dell'amido sull'ematite. Colloids Surf. A Physicochem. Eng. Asp. 99, 11-27.

Weng, X.Q., Mei, G.J., Zhao, T.T., Zhu, Y., 2013. Utilizzo di un nuovo tensioattivo di ammonio quaternario contenente esteri come collettore cationico per la flottazione dei minerali di ferro, Sep. Purif. Technol. 103, 187-194.

Xue, G.H., Gao, M.L., Gu, Z., Luo, Z.X., Hu Z.C., 2013. Rimozione del p-nitrofenolo da soluzioni acquose mediante adsorbimento con montmorilloniti modificate con tensioattivi Gemini. Chem. Eng. J. 218, 223-231.

Yap, S.N., Mishra, R.K., Raghavan, S., Fuerstenau, D.W., 1981. L'adsorbimento di oleato da soluzione acquosa su ematite. In Adsorption from Aqueous Solution, Plenum Press, New York, p. 119.

Yousfi, M., Livi, S., Duchet-Rumeau, J., 2014. Liquidi ionici: una nuova via per la compatibilizzazione di miscele termoplastiche, Chem. Eng. J. 255, 513-524.

Yuhua, W., Jianwei, R., 2005. La flottazione del quarzo dai minerali di ferro con un sale di ammonio quaternario combinato. Int. J. Miner. Process. 77, 116-122.

Zana, R., 2002. Tensioattivi alcanediil-alfa, omega -bis (dimetilalchilammonio bromuro): II. Temperatura di Krafft e temperatura di fusione, J. Colloid Interface Sci. 252, 259-261.

Zhang, G., Li, W., Bai, X., 2006. Uno studio della pratica presso l'impianto di trattamento dei minerali di Diaojuntai. Met. Min. 357, 37-41 (in cinese).

Zeng, W., Dahe, X., 2003. L'ultima applicazione del separatore magnetico ad alto gradiente ad anello verticale e pulsante SLon. Miner. Eng. 16, 563-565.

I want morebooks!

Buy your books fast and straightforward online - at one of world's fastest growing online book stores! Environmentally sound due to Print-on-Demand technologies.

Buy your books online at
www.morebooks.shop

Compra i tuoi libri rapidamente e direttamente da internet, in una delle librerie on-line cresciuta più velocemente nel mondo! Produzione che garantisce la tutela dell'ambiente grazie all'uso della tecnologia di "stampa a domanda".

Compra i tuoi libri on-line su
www.morebooks.shop

info@omniscriptum.com
www.omniscriptum.com

www.ingramcontent.com/pod-product-compliance
Ingram Content Group UK Ltd.
Pitfield, Milton Keynes, MK11 3LW, UK
UKHW041935131224
452403UK00001B/148